科学图书馆 校园科学实验

兴趣 爱好 启智 动手

铺垫未来的作为

趣味物理实验与练习

[俄] 亚·别列里曼 著 张杰 主译

王磊 徐传毅 王雪娇 译

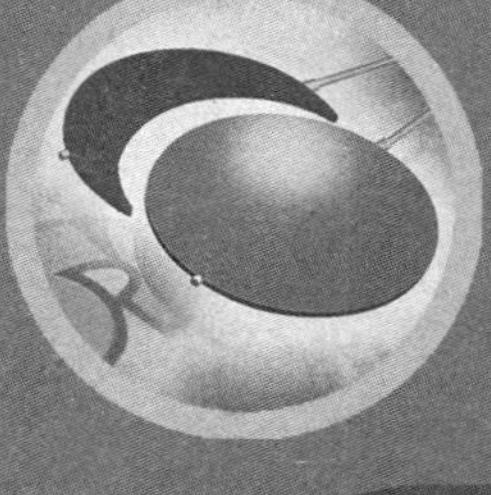

上海科学技术文献出版社

图书在版编目（CIP）数据

趣味物理实验与练习 /（俄罗斯）亚　别列里曼著；张杰主译 .
—上海：上海科学技术文献出版社，2013.1
ISBN 978-7-5439-5534-9

Ⅰ. ① 趣… Ⅱ. ①亚… ②张… Ⅲ. ①物理学—实验—普及读物 Ⅳ. ① O4-33

中国版本图书馆 CIP 数据核字（2012）第 213058 号

责任编辑：刘红焰
美术编辑：徐　利

趣味物理实验与练习
[俄] 亚 · 别列里曼　著　张　杰　主译
*
上海科学技术文献出版社出版发行
（上海市长乐路 746 号　邮政编码 200040）
全国新华书店经销
昆山市亭林彩印厂印刷
*
开本 740 × 970　1/16　印张 12.75　字数 214 000
2013 年 1 月第 1 版　2013 年 1 月第 1 次印刷
ISBN 978-7-5439-5534-9
定价：25.00 元
http://www.sstlp.com

内 容 简 介

你能从一张小小的明信片中间穿过去吗？你能让生鸡蛋在桌子上竖立起来吗？你能让小纸人翩翩起舞吗？报纸能带电吗？毛皮大衣能保暖吗？……

所有这些问题你都可以在本书中找到答案。

俄罗斯著名的科普作家、教育家和科学家亚·别列里曼为我们奉献了一本知识丰富、趣味盎然的科普作品。他选取最普通的生活现象，运用科学知识，深入浅出地为我们解析这些现象，让我们透过寻常现象知晓不寻常的科学道理。

深入浅出，轻松幽默，寻常现象，不寻常的道理，正因为如此，本书才数次再版，经久不衰。

目　录

1. 闲情小趣 …… 1
2. 为少年物理学家而备 …… 13
3. 报纸小实验 …… 46
4. 72 个物理问题与实验 …… 60
5. 视力错觉 …… 100
6. 巧妙摆放与排列 …… 125
7. 精巧分割与组合 …… 139
8. 正方形之谜 …… 147
9. 劳动趣题 …… 153
10. 买卖与价格 …… 160
11. 重量与称重 …… 165
12. 钟表趣题 …… 174
13. 交通小问题 …… 184
14. 出人意料的计算 …… 189

译者感言 …… 196

1. 闲情小趣

剪刀和纸

一剪剪出3段。纸条侧立。魔幻纸环。出人意料的剪裁。纸链。在明信片上钻过去。

你们或许和我以前想的一样，认为世界上有些东西毫无用处。如果你们这么想，那就错了：世界上根本不存在毫无用处的东西。一件东西在某些地方可能派不上用场，但是换个地方它却弥足珍贵。即使真的用途寥少，它还可以用来消遣、娱乐。

在一个正在装修的房子里，我偶然发现一些废弃的明信片和从贴墙纸上剪下来的纸边。“这些东西只能用来烧火。”我心里这样想。但是事实很快证明，我的想法并不正确，这些看似无用的东西在哥哥手下立即变成精巧的小物件，立体逼真，情趣盎然。

首先从剪纸条开始。哥哥递给我一个纸条，并说：“把剪刀拿来，将纸条剪成3部分。”我正准备动手，哥哥却拦住了我，“等一下，我还没说完呢。要一剪剪成3部分。”

这真把我难住了。我尝试用各种方法都没有成功。于是我确信，哥哥是在跟我开玩笑。

“你在跟我开玩笑吧？”我说，“这根本不可能做到呀。”

“好好想一想，你一定能想出来。”

“所有的办法都想到了，就是想不出嘛！”

“你想的方向不对，我来给你示范一下。”

哥哥接过我手中的剪刀和纸条。只见他把纸条对折(见图1)，在上面一剪，纸条立即分成3份。

(图1)

“看到了吗？”哥哥问。

“嗯，看到了，但是你把纸条折叠了呀。”我说。

“那你为什么不折呢？”

“你也没说可以折叠呀！”

“但是我也没说不能折叠呀。干脆认输吧。”哥哥笑着说。

“再给我出道题吧，这次保证不会让你失望。”

“好吧，还是纸条题，请把纸条侧立在桌子上。”哥哥说出要求。

“是立起来还是平着放？”我怀疑哥哥这次又在给我设圈套。

“当然是立着了，如果平着放，就不用出题考你啦。”

“立在桌子上……侧立……”，我认真思考着，突然我想到纸条是可以折叠的。于是我把纸条折了一下，并把它侧立在桌子上。

“你瞧，立上了吧！你不是没说纸条不能折叠吗？”我得意洋洋地说道。

“没错，是这样的。”

（图 2）

“你再出道题。”我有些意犹未尽。

“好吧。你看，我把几个纸条的尾部粘起来，粘成几个这样的纸环。你用红蓝两色笔在纸环上画线，纸环的外侧画蓝线，内侧画红线。”

“然后呢？”

“没有了，就这些。”

这道题看似简单，但我做得却很不顺手。当我画完蓝线，准备画红线的时候，突然发现，该画红线的地方被我画上了蓝线。

“再给我一个纸环吧，”我不好意思地说。

但是第二次又出现了同样的情况：还是把该画红线的地方画上了蓝线。

“真是莫名其妙！我又画错了，再给我一个纸环吧。”

“给你，都拿去画吧。”哥哥倒显得不慌不忙。

你们猜到这次的结果了吗？我又画错了。

我有些沮丧了。

“这么简单的事你都做不成?!”哥哥小小嘲笑了我一番，说：“你仔细看看我是怎样做的。”

哥哥拿过一个纸环，很快在外侧和内侧分别画上了蓝线和红线。

我又拿了一个纸环，开始小心翼翼地画着，尽量争取不出错。但是，我又失败了：两面还是画成了一样颜色！我真是绝望了。我茫然地看了哥哥一眼，他诡秘朝我笑着，这更让我疑惑不解。

“你真是的……难道这是魔术？”我问道。

“纸环是有魔力的，它们并不寻常。”哥哥回答说。

“有什么不寻常的？纸环就是纸环，都是你暗中搞的鬼。”

“你来用这些圆环做一些其他东西吧。比如说，你能顺着纸环剪成两个小纸环吗？”

“这有什么难的。”我充满自信地说。

过了一会，我准备把剪出的两个小纸环拿给哥哥看，结果我吃惊地发现，手中出现的是一个大纸环。

哥哥讥讽道：“你的两个小纸环在哪呢？”

“再给我一个纸环，我再试一次。”

“用你手中的就行。”

我又做了一次，这一次我确信能够成功，我的手中毫无疑问应当出现两个纸环。但当我试图分开它们的时候，却发现根本没法分开。哥哥说得对，纸环确实是有魔力的。

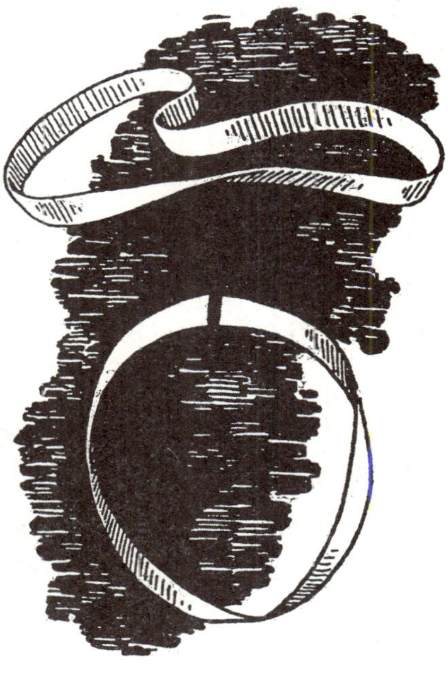

(图 3)

“纸环游戏的奥秘其实很简单。”哥哥解释说：“你自己能够做出这样神奇的纸环。关键是，首先，在粘好纸条两端之前，要将其中的一端卷一下，就像这样……”

“这样就能做成？”

“是啊。你回忆一下用铅笔在神奇的纸环上画线。同时你想象一下，如果纸条的一端不是卷起一次，而是两次，那结果会是怎样呢？”

哥哥将卷了两次的纸环交给我。

“顺着剪，”哥哥说道，“现在你剪出了什么？”

我剪出了两个相互交错的纸环。太神奇了，两个纸环无法分开了。

我用刚才的方法又准备了 3 个这样的纸

（图 4）

环，顺着剪下去，我剪出了 3 个套在一起的纸环。

哥哥又问：“如果把全部 4 对这样的纸环连成一个长长的纸环串，你该怎么做呢？”

“这很简单，把每两个纸环中的一个剪开，穿过另一组纸环的其中一个，粘牢固。其他的几个也这样做。”

“就是说，你要剪 4 个纸环吗？”哥哥反问道：“如果只允许你剪 3 个纸环呢？”

“3 个？当然不行。”我回答道。

“那少于 3 个呢？”

“那就更不可能了！我们一共有 4 对纸环，现在你把其中两个纸环都废弃了，那你该怎么连接它们呢？这肯定不行！”我确信地说。

哥哥没有直接回答我，而是从我手中拿过剪刀。他把其中一对纸环上的两个小纸环剪开，然后用它们把其他 3 对纸环连了起来，这样就做成了由 8 个纸环组成的纸环串。太神奇了！哥哥这次没耍任何花招。真奇怪，我之前怎么就没想到如此简单的方法呢。

“关于纸条的游戏我们就做到这吧。你那儿应该还剩一些明信片，我们一起想想用它们能做些什么。比如你尝试着在一张明信片上剪出一个尽可能大的洞。”

我用剪刀剪穿明信片，然后在上面尽最大可能剪出一个四角的洞。

我一边向哥哥展示我的成果，一边肯定地说：“这是最大的洞了，没法再大了！”

然而，哥哥却不这样认为。

“这个洞有点小啊，一只手勉强能穿过去。”

“难道你想把脑袋穿过去不成？”我认为哥哥的这种说法非常荒谬。

“不仅是脑袋，整个身子都能穿过去，我想要的是这种洞。”

“哈哈！你是想剪出一个比明信片还要大的洞吗？”这时我已经确信哥哥纯粹是在开玩笑了。

“没错，比明信片大很多倍的洞。”

“这根本不可能！”我有些气恼，哥哥明明在说瞎话嘛！

“这是可能的！”哥哥说完便动手剪了起来。

虽然我确信哥哥是在跟我开玩笑，但我还是好奇地观察他双手的每一个动作。他先将一张明信片对折，然后用铅笔在对折后的明信片的上下两端贴近边缘处画两条线。然后，他在下端（对折的那一端）的左右两边，靠近边缘处剪两个小口，这两个小口的顶端要与下端线相交，形成 A、B 两个交点。现在，哥哥从左侧那个口的端点（A 点）开始向右剪，沿着底端那条线剪向右侧那个端口（B 点），并将剪掉的部分扔掉。至此，前期准备工作全部结束。接下来就是上下紧密地挨着剪。首先从 A 点开始向上剪，剪到上端横线处，将明信片上下倒过来，又从底部往上剪，剪到接近边缘的地方（注意不能剪断），再将明信片倒过来，剪到上端横线处，再倒过来……。如此这般，直到将整个明信片上下剪出很多豁口。（注意：剪最后一条时，一定要保证是从 B 点向上剪，剪到上端横线处）。

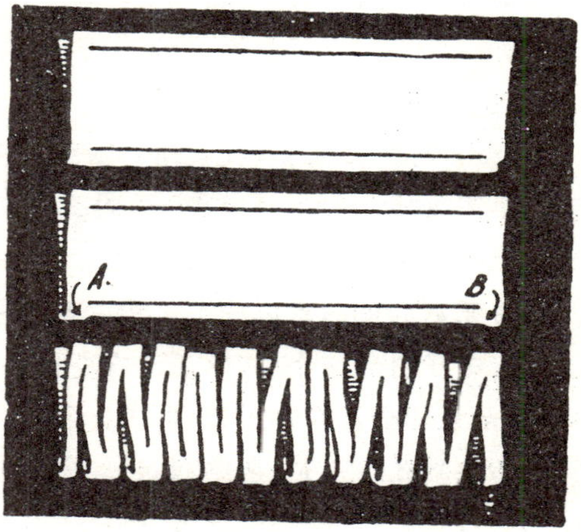

（图 5）

“大功告成了。”哥哥说道。

“可是我怎么没看到你说的洞呀？”

“别急啊，慢慢看！”

这时，只见哥哥把剪成条的对折明信片小心摊平，轻轻把所有带豁口的部分全部拉开，明信片居然缓缓变成了一个大大的纸圈！哥哥轻而易举地将它穿过我的头，穿过我的身子，最后滑落到我的脚下。

“你看，人能不能穿过这个洞？”

“穿过两个人都绰绰有余哩！”我不得不由衷地钦佩哥哥。至此，哥哥展示的小实验和小技巧就全部结束了。

迷 宫 寻 路

迷宫迷路。人与老鼠。左右手规则。古代迷宫。地下迷宫。智走迷宫。

“看书时你在哈哈大笑，是读到什么有趣的故事了吗？”哥哥问我。

“非常有趣的故事，是杰罗姆写的《三人同舟》。”

“这本书我知道，确实是一部有趣的作品！你读到哪儿了？”

“一群人在迷宫里迷路了，找不到出口。”

“读给我听听。”

我大声地给哥哥读起来：

“哈里斯问我去没去过汉普顿迷宫。他说，他曾经去过一次。那次他仔细地研究了迷宫的平面图，认为迷宫的结构十分简单，毫无神奇之处，他认为花钱走这样的迷宫并不值得。哈里斯那次带进迷宫的是他一个从乡下来的亲戚。哈里斯对这个亲戚说：

‘如果你非常想去，我就陪你去吧，不过真的没什么好玩的，将它称为迷宫其实有点名不副实。走到迷宫里时，每到转弯处，你就向右转，这样你就能顺利走出迷宫。我们争取10分钟把它走完吧。’

哈里斯和他的亲戚进了迷宫。在迷宫里，他遇到一些人，这些人说，他们在迷宫里已经走了将近一个小时，还没有走出去。哈里斯对他们说：

‘如果你们愿意，可以跟着我走。’

哈里斯信心十足，他坚信很快就能走出迷宫。迷路的那些人欣然同意，跟在他的后面往前走。

他们的队伍不断壮大，最后，迷宫里所有迷路的游客都加入了进来。这些迷路的游客大多已经绝望，他们认为根本走不出迷宫。看到哈里斯和他身后长长的队伍，他们又燃起希望，并纷纷对哈里斯表示感激。哈里斯这支队伍的人数最后竟然达到20来人。其中有一个抱小孩的妇女，她已经在迷宫里走了整整一上午。此时，这个妇女紧紧抓住哈里斯的胳膊，生怕和他走散。当遇到拐弯处时，哈里斯一律向右转，走了很长很长的路。哈里斯的亲戚说，这迷宫太大了。

‘这可是欧洲最大的迷宫之一哩！’哈里斯得意地说。

‘嗯，确实很大，’他的亲戚附和说，‘我们已经走了整整两英里了。’

哈里斯自己也感到有些奇怪，为什么还没有走出迷宫，但他仍然装作若无其事的样子。在其中一个地方，他们发现地上有一块蜜糖饼，哈里斯的亲戚肯定地说，几分钟之前他们曾经看到过这块蜜糖饼！

‘这绝不可能！’哈里斯反驳道。但是抱小孩的妇女随即证实，这块蜜糖饼正是她在遇到哈里斯之前掉下的。她后悔遇见了哈里斯，说还不如不相信他。妇女开始怀疑哈里斯是骗子，这让哈里斯十分恼怒。他拿出迷宫图，证明自己并没有骗人。

‘如果你能让我们知道我们现在所处的位置，或许我们可以借助迷宫图走出迷宫。’队伍中的一个人这样建议。

哈里斯却说不出来现在所处的具体位置。于是他建议大家往回走，回到入口处，重新开始走。对于重新开始走这个建议，大家并不赞成，但是对于回到起点，大家认为十分可行。于是大家又跟着哈里斯往回走。走了大约 10 分钟，他们发觉走到了迷宫的中心。

哈里斯佯装是按计划往这儿走的，但是大家那种不满的神情让他开始感到心虚，他解释说，他们不幸又走到了这里。

虽然又回到了中心，但是至少是知道现在的位置了。哈里斯又把迷宫图摊开。图上的标示看上去依旧很简单，他们第三次出发了。

3 分钟后，他们又回到了迷宫中心。

这之后，又重复了几次这样的过程。他们无论怎么走，最后总是回到迷宫中心。反复折腾几次之后，一部分人干脆坐在迷宫中心不动了，他们在那儿看着别人走一圈后再回到中心。过了不久，哈里斯又把图拿了出来，这次大家彻底心灰意冷了。

最后，大家一致决定请管理员来帮忙。他们大声呼唤起来。管理员闻声在迷宫外面爬上梯子，他看见了这群人。管理员向他们喊着，告诉他们应该怎样走。

然而到了这个时候，大家已经晕头转向，不知道往哪儿走了。管理员只好让他们待在原地，等他进去带他们出去。大家聚到一起，等待管理员来救援。管理员爬下梯子，走进迷宫。

管理员年轻，缺乏经验。他进来后，并没有找到他们。后来，连他自己也迷路了。大家偶尔看到他的身影在树篱那边闪现，他有时也能看到这一群人。每到这时，管理员就设法朝他们那个方向走去。可是过了一会，他又回到刚才的那个地方，又开始问他们在哪了。

直到一个老管理员赶来，才将他们领出迷宫。”

读完这段，我感叹道：“这群人真是太愚蠢了！手里握着图却走不出迷宫，这也太不应该了！”

“你能顺利找到出口吗？”哥哥问道。

“如果有图，当然可以啦！”我回答道。

“先别急着回答，等一下，我好像有这个迷宫的平面图。”说着，哥哥在书架前翻找起来。

“汉普顿迷宫真的存在吗?”

“当然存在,它位于伦敦郊外不远的地方,已经有几百年的历史。找到了,你看,《汉普顿迷宫平面图》,这个迷宫不是很大,一共 1 000 平方米左右。”哥哥介绍道。

哥哥打开书,里面有一张不大的平面图。

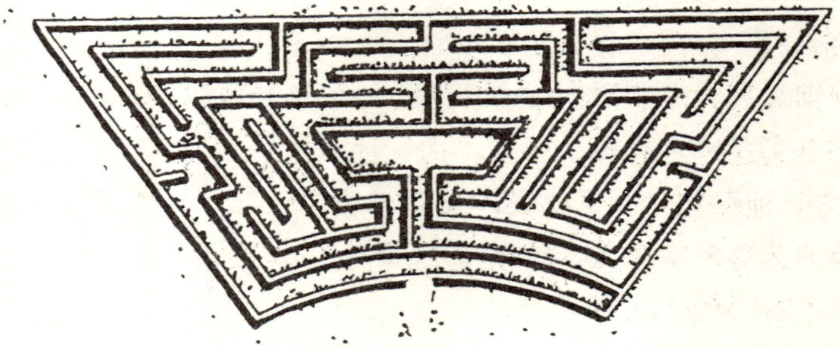

(图 6)

“设想一下,假如你处在迷宫中心,想要走出迷宫,你会选择什么样的路线?你去找一根火柴棍,把火柴棍削尖,用火柴棍把行进路线指出来。”

我手拿火柴棍信心十足地从迷宫中心开始画。火柴棍顺着弯弯曲曲的小径移动着。但是事情并没有我想象的那么简单。像刚才被我嘲笑的那群人一样,我每次都是走了没多久便走进了死胡同,然后又重新开始走。

“看到了吧,迷宫图也帮不上你什么忙。但是,老鼠却可以不借助任何地图,顺利走出迷宫。”

“老鼠?什么老鼠?”我问道。

“就是这本书里提到的老鼠。你以为我手里拿的是一本关于园林建筑的书吗?当然不是,这是一本关于动物智力的书。为了测试老鼠的智力,科学家用石膏做了一个小的仿真迷宫,并把动物放进这个迷宫。书中提到,在这个模仿汉普顿迷宫建造的石膏迷宫里,老鼠仅用不到半个小时就成功地找到出口,走出迷宫,比杰罗姆笔下的人物快多啦。”

“从平面图上来看,迷宫好像一点也不复杂,你不会觉得它有多难走。”

“有一个简单的规则,了解了这个规则之后,你就不惧怕任何迷宫,也不用担心找不到出口了。”哥哥说。

“什么规则?”我问道。

“在迷宫里穿行的时候,要用你的左手或右手,随便哪只手都可以,在一侧的墙上移动着,一定要保持用一只手一直这样走。”哥哥解释道。

“仅此而已吗?”我问道。

“没错。你试着用这种规则走一下这个平面图。”

我按照哥哥说的规则进了迷宫,的确,我很快就从入口到达了迷宫中心,之后从中心走到了出口。

“这个规则真是太棒了!”我惊叹道。

“也不完全是这样,”哥哥反驳说,“这个规则一般能避免人们在迷宫里迷路,但它不能百分之百地保证穿过迷宫所有的小路。”

“我已经把迷宫里所有的小路都走过了呀! 一条都没落下。”我迷惑不解。

“你说得不对,要是你把所有走过的路用虚线标出的话,你会发现有一条路你没有走过。”哥哥肯定地说。

“哪条路啊?”

“我用星星在图中标记的那条(图 7)。”

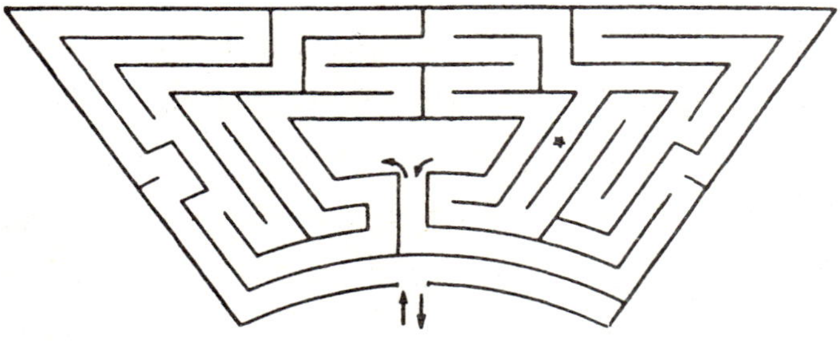

(图 7)

“这条路你刚才并没有走过。在某些迷宫,这种规则只能让你走过迷宫的一部分。因此,即使你能最终走出迷宫,你在迷宫里走的区域与整个迷宫相比,还是很小。”哥哥说。

“世界上有很多迷宫吗?”

“当然! 现在,迷宫一般建在花园或公园里,人们在户外、在繁茂的树篱之间穿梭往返。但是在古代,迷宫一般建在宽敞的房子里或是在地下,它是用来折磨和惩罚罪人的。被投入迷宫的人在巧妙设计的迷宫里迷失方向，备受折磨，直到活活饿死在里面。传说，在古希腊，奉国王米诺斯之命，工匠在克里特岛建了一座迷宫。这是一座传奇般的迷宫，迷宫中道路错综复杂，就连迷宫的建造者代德洛斯也无法顺利从迷宫中走出。”

关于克里特岛迷宫，古罗马诗人奥维德是这样描述的：

“通过建造带有封闭墙体和屋顶的迷宫，代德洛斯展示了自己卓越的建筑才能。迷宫中没有任何标志，只有漫长的、迂回的、通向各个方向的长廊，这种结构令人思维混乱，辨别不清行进方向。”

奥维德又补充道：

“在代德洛斯建造的迷宫里，小路纵横交错，数不胜数。因此，连他自己也很难找到出口。”

哥哥又继续说：

“在古代，还有一些迷宫是用来保护君主陵寝，免于被强盗侵犯的。强盗们经常潜入迷宫中心，企图窃取埋藏在那里的宝物。他们潜入迷宫，盗得宝物，但是却无法找到回去的路，这样，宝物便被保护下来了。”

(图 8)

“那为什么这些人不用你之前提到的那个规则呢？”我好奇地问。

“第一，古时并没有多少人知道这个规则。第二，我刚才已经说过，这个规则不能保证走过迷宫的所有小路。当然，我们可以利用这种规则来建造迷宫，也就是借此保证藏着宝物的那个区域不被发现。”

“可以建造出谁也无法走出的迷宫吗？”

“古代人认为，如果迷宫设计得足够复杂，人是根本没有办法走出去的。但实际上并非如此。我们可以用数学的方法来证明，这样的迷宫是不可能的。当然，与此同时，既能顺利找到迷宫出口，又能完整地走完迷宫中的每一条小路，这种迷宫也非常少见。因而对于建造者来说，应该从掌握迷宫的严密体系着手，据此采取相应的建造方法。200 年前，法国植物学家图内福尔曾冒险造访了位于克里特岛的一个地洞。据传说，洞内确实有数不清的小路，这个洞被认为是一座无法走出的迷宫。这样的地洞在克里特岛有好几个，它们很可能是国王米诺斯下令修建的。图内福尔究竟是怎样在迷宫里穿行，又没被困在迷宫里呢？他的同事、数学家吕克给我们作了这样的描述……”

哥哥从书架上取下一本时间久远的书，书名是《趣味数学》。哥哥翻到其中一页，读道：

“我们一行人在地下走廊里走了不长时间，便来到一条宽敞、悠长的长廊上，这条长廊通向迷宫深处的大厅。‘我们用了半个小时，沿着这条长廊走了 1 460 步，我们既不向左转，也不向右转，就这样直行。’图内福尔说道。长廊两侧通往其他方向的小路纵横交错，如果不采取一些必要的手段，我们肯定会迷路。我们希望顺利走出迷宫，所以我们格外留心，并时刻寻找能够记住返回路线的方法。

第一，我们让其中的一个向导守在洞口，并让他召集一些周边的村民。如果我们在天黑之前还没有出来，他们就会进去营救我们。第二，我们每个人手中都握有一支点燃的火把。第三，在每一个复杂的转弯处，我们都在墙的右侧贴上写有号码的纸片。第四，我们让一个向导在路的左侧放上事先准备好的黑刺李，让另一个向导把随身携带的一袋碎干草撒在路上。”

哥哥说：“读到这儿，你也许会认为，这些防范措施好像没什么必要。但是在图内福尔那个年代，没有其他更好的办法了。当时，迷宫还没有被人们透彻地了解。而现在，人们已经制定出一些走迷宫的规则，这些规则不光简单易行，也远比图内福尔那时的方法安全可靠。”

（图 9）

“你知道这些规则吗？”

“规则并不复杂。第一，进入迷宫后要沿着其中一条路一直走下去，直到走到死胡同或交叉路口为止。如果走入死胡同，那就往回走。可以在死胡同的返回处放两颗小石子，如

（图 10）

果下一次再遇见，这就表明已经是第二次走到这里了。如果走到了岔路口，那么，先选其中的一条路一直往前走，并且每次都要用卵石标出，哪条路走过，哪条路可以继续走。这是第一条规则。第二，如果沿着另一条路走了一段之后，又来到了之前走过的岔路口（可以通过小石子判断出来），这时要在这条路的尽头放两个石子，然后立刻往回走。第三，如果顺着走过一次的路又来到了曾经走过的岔路口，这时需要再用石头标记一次，然后选择另一条没有走过的路继续走。如果没出现这种情况，就应选择路的入口处有一颗石子的路前进（这表明，这条路只走过一次）。掌握这 3 条规则，你就可以一条不落地走完迷宫里所有的路。我手头有几张迷宫平面图，这些平面图是我在不同时期从一些杂志上剪下来的，如图 8、9、10。愿意的话，你可以走一下这些迷宫。我希望，通过这些讲解，能够使你感到，在迷宫里行走并不是一件难以完成的事情。如果你有足够的精力，你可以带领小伙伴，用雪在我们的园子里建造一座像汉普顿迷宫那样的游戏园，那才有趣呢！”

2. 为少年物理学家而备

比哥伦布还聪明

一个中学生在自己的作文中这样写道："克里斯托弗·哥伦布是一位伟人，他发现了美洲大陆。同时，他还是第一个能将鸡蛋竖立起来的人。"哥伦布这两个创举无疑都给青年学生带来了极大的震撼。但是仁者见仁，智者见智。比如美国作家马克·吐温就丝毫没有感觉到哥伦布发现新大陆有什么惊奇之处，他说："如果哥伦布没有发现新大陆，那才叫惊奇。"

而我则冒昧地认为，哥伦布将鸡蛋竖立起来这件事没有太大的意义。你们知道哥伦布是怎样把鸡蛋竖立起来的吗？他把鸡蛋的壳敲破一点，然后把鸡蛋直立在了桌子上。哥伦布是在改变鸡蛋形状的条件下将鸡蛋竖立起来的。是否能在不改变鸡蛋形状的条件下把鸡蛋竖立起来？这个问题哥伦布终究没能回答出来。相比发现新大陆，甚至是发现一个小岛屿，这个问题显然简单多了。接下来，我分别就熟鸡蛋、生鸡蛋及生熟鸡蛋通用这 3 种不同的情况，给你们展示让鸡蛋竖立起来的方法。

熟鸡蛋竖立的方法是：像转陀螺一样，用一只手的手指头或是用双手手掌用力旋转鸡蛋。这样，鸡蛋就开始竖着转起来，只要鸡蛋持续旋转，它就会保持竖立的状态。试过几次，你就很容易操作了。

生鸡蛋的里边是液状物，受蛋壳影响，生鸡蛋不能快速旋转。我们得另辟蹊径，另寻方法。首先我们将鸡蛋用力晃动几次，这样可以把蛋黄的外薄膜弄破，蛋黄溢出，蛋黄和蛋清混合起来。接下来，将鸡蛋钝的一头朝下，这样放置几分钟。由于蛋黄比蛋清重，蛋黄就沉到了底部。这样一来，鸡蛋的重心下移，并能平稳地竖立起来。

第三种竖立鸡蛋的方法：将鸡蛋竖立在瓶塞上，在鸡蛋上放一个插有两个叉子的瓶塞。

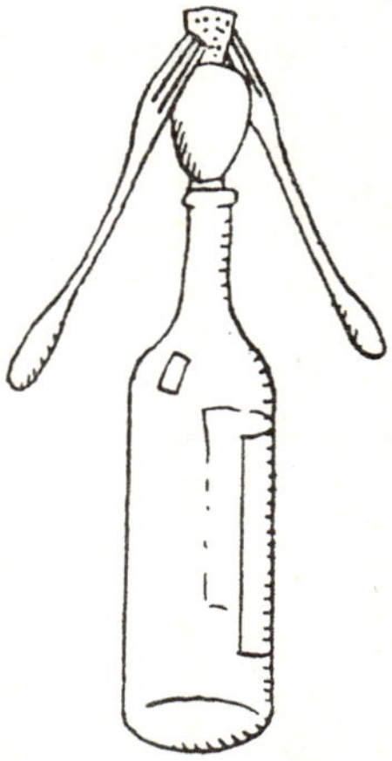

（图 11）

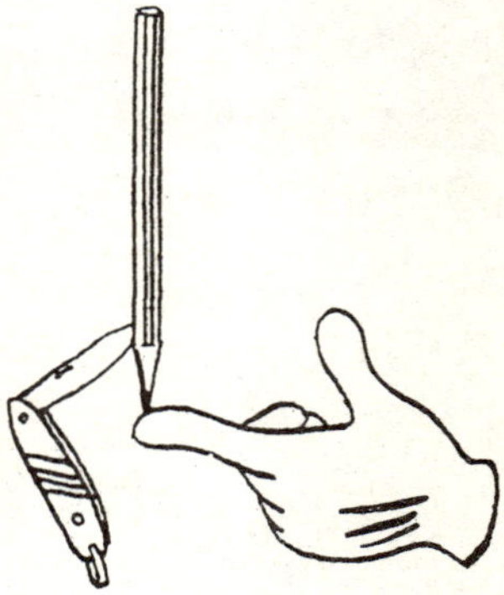

（图 12）

这种结构（科学家通常的叫法）相当稳定，即便瓶子略微倾斜也能一直保持平衡。究竟为什么瓶塞和鸡蛋不会掉落呢？这和插着折叠小刀的铅笔能垂直立在手指上是同样道理。科学家给出的解释是："结构的重心低于支点的位置。"这意味着承受整个装置重量的点，低于其支撑的部位。

惯性离心力

打开雨伞，使伞尖儿朝下立在地上，转动雨伞，同时向伞内扔一些小球、废纸团、手帕等不易破碎的东西，之后将会出现你意想不到的现象。雨伞似乎不太愿意接受这样的小礼物，小球和纸团等被甩到伞的边缘，有的直接甩到伞外。

在这个实验中，甩出小球和纸团的力，我们一般称之为离心力，更正确的叫法叫"惯性"。每当物体做圆周运动的时候，就会出现惯性。这不是别的，正是运动的物体保持自身运动方向和速度的一种惯性表现。

在生活中，我们常常会遇到离心力现象。在一根绳子上拴一个石子，当你用手拽着绳子并甩动石子的时候，在离心力的作用下，你会发现绳子越绷越紧，甚至有断裂的可能。古代用来投掷石头的一种兵器——投石器，就是利用离心力的原理制作的。如果你手法灵巧，你可以利用离心力的原理来完成杯子倒置水不洒的小魔术，方法就是快速旋转杯子，将杯子举过头顶。离心力还可以帮助杂技团骑自行车的演员完成令人眼花缭乱的“大筋斗”。奶油分离器借助离心力，将奶皮从牛奶表面分离。分离蜂蜜的离心机在离心力的作用下，提取出蜂窝中的蜂蜜。甩干机也是利用离心力的原理来工作的。

电车转弯的时候，车内乘客在离心力的作用下，顿时感觉自己的身体向外侧倾斜。铁路的铁轨外轨建得比内轨高，这样，列车车厢在转弯处只是略微倾斜一些。如果外轨和内轨高度一样，那么列车在高速行驶中极有可能在转弯处由于离心力的作用而翻出轨道。这事听起来似乎很神奇：倾斜的轨道竟然比平直的轨道更安全！

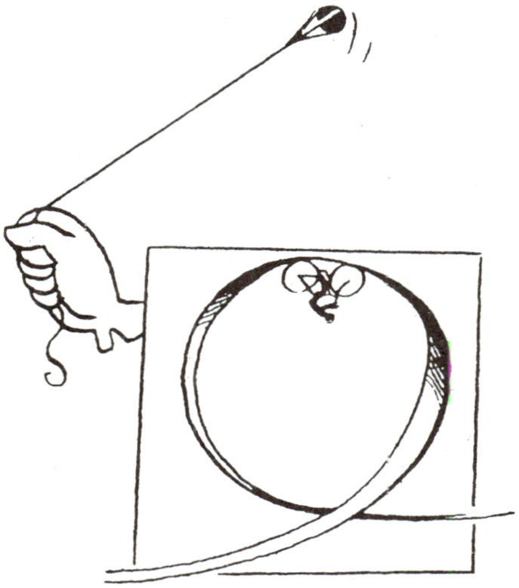

（图 13）

然而事情的确如此。一个小小的实验就能让你明白其中的道理。用硬纸壳卷一个大喇叭筒，最好是利用家里现有的圆锥形容器，比如电灯上的圆锥形玻璃罩或是圆锥形铁罩都可以充当实验仪器。选择上述任意一个锥形物，锥立后，向里面放入硬币或是小金属环、小戒指等什物。放置的什物最初处于锥体底部。轻轻转动锥体，什物会在锥体底部中心附近转着小圈。转速加快，锥体里的什物也快速转动起来，它们远离中心，转着更大的圈。如果转速更快，什物可能飞出锥体。

自行车赛场是特殊的圆形赛道，赛道呈斜坡状倾斜向场内。自行车运动员正倾斜着在赛道骑行。在这种赛道上，运动员不仅不会摔倒，反而骑得更稳。相反，在平面的圆形赛道上，自行车运动员才更加危险，更加艰难。

现在我们从这些细小的观察转向更加宏大的现象。我们居住的地球是一个转动的球体，所以，地球自身也发生一些离心现象。这些离心现象究竟表现在哪些地方呢？由于地球自转，地球表面的一切物体都可以变轻。物体距离赤道越近，24 小时内转的圈就越大，说明这些转速越快，受的离心力越大，因此减重也越多。如果把 1 千克的砝码从极地拿到赤道，重新用弹簧秤称重，你会发现砝码的重量少了 5 克。当然，5 克的区别不算太大。物体越重，减重越明显。一辆从阿尔汉格尔斯克(俄罗斯北部一个城市)出发,到达敖德萨(前苏联南部一城市,现属乌克兰)的蒸汽机车,重量会减少 60 千克,这相当于一个成年人的体重。而一艘重量为 2 万吨的军舰从白海开到黑海后,重量足足减少 80 吨,这几乎是一辆蒸汽机车的重量了。

为什么会发生这种情况呢?正如之前展示的雨伞实验那样,雨伞转动时,扔进去的小球会甩出来。同理,地球自转的时候,也会把自身表面的一切物体向外抛。但是又由于地球吸引着地球表面的物体,所以它们不至于真的被甩出地球。我们把这种新引力称为“重力”。虽然物体不会被地球抛飞,但物体重量变小是可能的。以上就是为什么地球自转会造成物体重量变轻的原因。

地球自转越快,物体减重越明显。科学家指出,假如地球的自转速度扩大 17 倍,那么赤道上的物体将会完全失去重量,处于失重状态。如果再快一些,地球自转 1 周只用 1 小时的话,那么不仅是在赤道上,就连处于赤道周边的一切陆地和海洋上的物体,也将处于完全失重状态。

物体失重意味着什么?这意味着,你可以毫不费力地举起蒸汽机车、巨石、大炮甚至是满载武器的军舰,就像拿起一片羽毛一样。即便你没拿住,把它们弄掉了也没有关系,它们一丁点儿都不会被损坏,因为它们压根儿就不会掉落下来——它们可是一点儿重量也没有啊。而当你松开它们的时候,它们会在附近的空中飘浮。如果你乘坐空中的热气球,突然把手里的物品扔出去,这些物品不会掉落下来,仍然会飘在空中。这是多么神奇的事情啊!你做梦都不会想到,你能跳得比摩天大楼和高耸的山峰还要高。但是,你别忘了,向上跳并不费力气,可是往下跳却不可能。由于失重,你不会掉落在地上。

当然,这肯定给我们带来很多麻烦。你能想到是哪些麻烦吗?比如说,即便风很小,也能将大大小小的物体吹向空中。人、动物、汽车、船舰等飘在空中,乱作一团,相互毁坏。

这就是剧烈加快地球自转速度而产生的结果。

十种陀螺

下面你可以看到十种不同风格的陀螺,制作这些陀螺能使你体验到极大的乐趣。实验不需要什么特殊的技巧,所以不需要他人帮助。

1. 纽扣陀螺

如果你手头有像图 14 中展示的 5 个孔的纽扣的话,事情就再简单不过了,我们需要做的就是把它变成一个陀螺。将火柴棍的头部削尖,穿过纽扣中间的小孔,这样陀螺就做成了。陀螺不仅在火柴棍较尖的一端能转动,在钝的一端也能转动。具体的方法是先用火柴棍尖部朝下的方式将陀螺转动起来,转到一定速度后,将火柴棍抓住,然后迅速将陀螺上下调转,让火柴棍钝的一端朝下继续转。

2. 木塞陀螺

每个人手头总会有几个软木塞吧,把软木塞外延的一小圈剪去,然后用火柴棍穿过木塞中心,就又做成了一个小陀螺(图 15)。

3. 胡桃陀螺

在图 16 中你会看到一个别致的小陀螺。这是一个胡桃,可以以它的底端尖部为轴,制成一个陀螺。为了做成这样的陀螺,需要将火柴棍钝的一面插入胡桃,然后拧紧。

(图 14)

4. 大木塞陀螺

最好找个平整的大木塞(通常用来塞芥末罐或其他类似容器的木塞就可以)。先用烧灼的铁丝或织针将宽木塞的中心烧出一个小孔,然后将火柴棍穿过去,成为陀螺的轴。这样,小陀螺就能转得更久,也更加耐用。

(图 15)

(图 16)

(图 17)

5. 圆盒陀螺

图 17 展示了一个独特的陀螺。将削尖的火柴棍穿过装药丸的圆形小盒的中心。为使轴和小盒接合得更加牢固,需要用蜡封住小盒中间的小孔。

6. 连线陀螺

在图 18 中你会看到一个有趣的陀螺。在圆形硬纸壳的边缘拴上细线，细线的远端系上一枚纽扣。当陀螺旋转越来越快的时候，纽扣会被抛向四周，细线在离心力的作用下会越绷越紧。

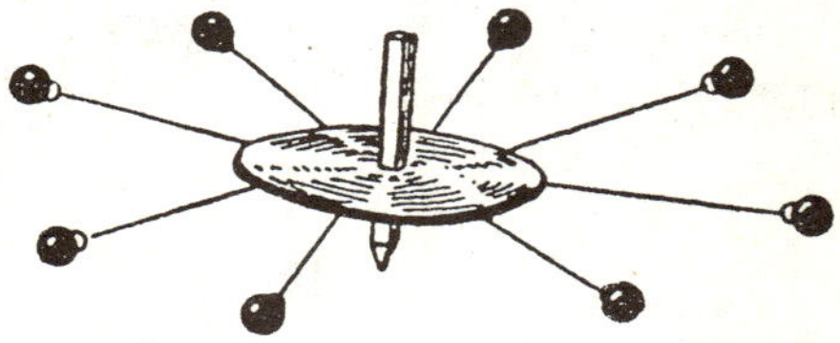

（图 18）

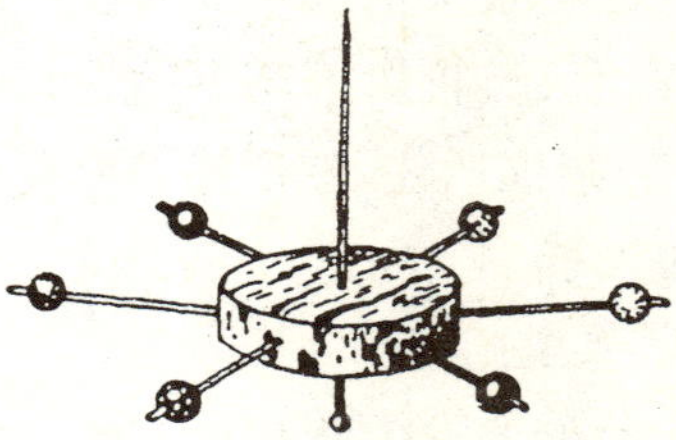

（图 19）

7. 彩珠陀螺

图 19 展示的陀螺创意独特。在圆木塞做的陀螺外圈插上几个大头钉，大头钉上穿着彩色小珠，小珠可以在大头针上自由滑动。在陀螺旋转时，小珠在离心力的作用下滑向大头针的顶端。如果大头针亮度很大，那么陀螺旋转的时候，一圈大头针就形成了一条密实的银带，而大头针上的小珠就成了镶在这条银带上的彩色光环。这样的陀螺在光滑平整的盘子上转动的时间会非常长久。

8. 彩色陀螺

这个陀螺制作起来比较繁琐，但是它带给你的惊喜会让你觉得你的付出非常值得。首先找一块硬纸板，剪出一个圆形，用织针在圆纸板的中心扎一个孔，将削尖了的火柴棍紧紧插入圆纸板的中心，使陀螺更加结实耐用。现在，像切蛋糕一样，沿着圆纸板的半径，将圆纸板平均划分出面积相等的几个部分（数学家会告诉你，现在得到的是若干个面积相等的扇形）。然后，分别用黄色和蓝色的笔交替在纸板上的扇形区域内涂色。当这样一个陀螺旋转起来的时候，你会看到什么？我们看到陀螺既不是蓝色也不是黄色，而是绿色的。当蓝色和黄色在我们眼中交汇的时候，呈现的是一种新的颜色——绿色（如图 20）。

（图 20）

你也可以用其他颜色来完成这项实验。可以用天蓝色和橘黄色交替着在扇形上涂色。旋转陀螺后，我们看到的不是黄色，而是白色（确切地说，是浅灰色）。在物理学中，上述两种颜色混合后，得到的是白色，我们称这两种颜色为互补色。这种陀螺告诉我们，天蓝色与橙黄色是互补色。

我们用其他方法检验一下我们的实验：当陀螺旋转的时候，往陀螺上套一个纸圈儿，此时圆纸板上的颜色立刻发生了变化（如图 21）。

（图 21）

（图 22）

9. 会写字的陀螺

现在，我们来制作一个会写字的陀螺。这次我们不再用削尖的火柴棍当轴，而是将削好的铅笔穿过陀螺中心，在硬纸上转动陀螺。这样，陀螺在旋转过程中，会在纸面上留下铅笔画出的螺纹。陀螺每转一圈就会留下一道螺纹，所以可以准确地数出螺纹数。进而，我们能够用手表精确地计算出每秒钟陀螺旋转的次数。毫无疑问，仅凭肉眼是无法完成的（如图 22）。

接下来，我们来制作另一种会写字的陀螺。先制作出一个普通陀螺，然后以陀螺轴为中心，在左右两侧各扎出一个小孔。

在旁边的一侧小孔内穿入一小截马鬃或是硬发，使马鬃或硬发向下伸出的部分略高于陀螺的轴。剩下的一个小孔先保持原状，当我们要保持陀螺轴的两侧重量一样时，我们才会用到它，否则，陀螺负重不均匀，无法正常转动。

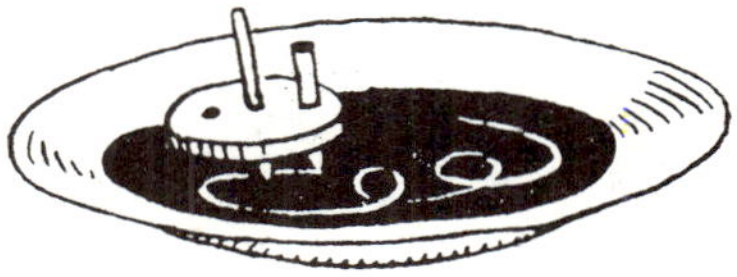

（图 23）

现在，又一个会写字的陀螺已经做成。接下来，我们还要准备一个被熏黑了盘底的盘子。在这种盘底旋转陀螺，陀螺上的马鬃将会在盘底画出美丽的花纹（如图 23）。

10. 彩旗陀螺

现在，我们来做最后一种陀螺，也以此为这一组练习画上一个圆满的句号。实际上，这种陀螺做起来比你乍看时要简单得多。圆纸板和轴的做法与之前的彩色陀螺相同。现在我们将若干个带有小旗子的大头针对称地插在陀螺的边上，再在圆纸板上面粘上一些纸做的小骑兵，这个独特的陀螺就做成了。它可以给你们的弟弟、妹妹们当玩具,名字就叫旋转木马吧(如图 24)。

(图 24)

碰　　撞

两艘小艇相撞、两列电车相撞、两颗门球碰撞……这些现象是属于不幸事故还是属于寻常现象呢？物理学家用一个词对这些现象进行了概括:“碰撞”。碰撞发生在一瞬间,如果发生碰撞的物体具有弹力,那么在碰撞的瞬间物体会发生一些变化。物理学家将弹性碰撞分为 3 个阶段。在弹性碰撞的第一阶段,两个相撞的物体在撞击部位相互挤压。当挤压达到最大限度时,进入碰撞的第二阶段。在这个阶段,物体内部对挤压产生反作用力,阻止物体继续挤压,反作用力与向内挤压的力保持均等。在第三阶段,反作用力为恢复在第一阶段被挤压变形的物体形状,将碰撞物体向相反方向推开,此时物体就像受到相反方向碰撞一样。比如,用一个门球撞击另

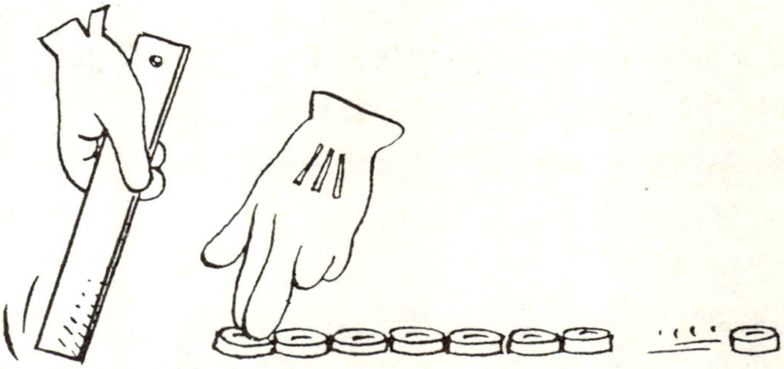

(图 25)

一个静止的门球，两个门球重量相同。由于相反碰撞力的作用，主动撞击的那个门球会停在原地，而原来处于静止的那个门球将以与第一个门球相同的速度滚到一旁。

用锉刀击打一只小球，使这只小球撞向由几个小球紧挨着组成的球链，这是非常有趣的。撞击边上的小球之后，球链所有的球都保持不动，只有另一端最边上的小球离开原点，向前移动一段距离。原因是这只球无法再向下传递碰撞（它已经是最边上的一个），所以只能自己弹了出去。

也可以用棋子或是硬币来做这个实验。

将棋子摆成一排，摆得长一些也无妨，但务必要把它们一个挨一个紧密地摆放。之后，用手按住最边上的一颗棋子，用木尺敲它的边，你会看到另一端最边上的棋子发生位移，其他棋子仍保持原来位置不变。

杯中的鸡蛋

杂技演员将盖在桌子上的台布拉了下来，而台布上先前摆放的盘子、杯子、玻璃瓶等却完好如初，杂技演员总是能够通过这样的表演博得观众的叫好声。然而，这算不上什么奇迹，只是通过长时间练习而掌握的一种技巧而已。

如此麻利的手法你很难练成，但是做一些类似的小试验你却完全可以尝试。首先，在桌子上放一个杯子，杯子里倒半杯水，准备一张明信片（最好是半张明信片）。然后，向自己的长辈借一枚大一点的戒指（比如男士常用的款式），再准备一个熟鸡蛋。请按如下方法摆放：先将明信片盖在装有半杯水的杯口上，然后将戒指放在明信片上，接下来再把鸡蛋竖立在戒指上。抽出明信片后要保证鸡蛋不掉到桌子上，你能做到吗？

（图 26）

将盖在桌子上的台布抽出，而餐具却不掉到地上，乍看上去，这很难做到。但是你可以在我们这个简易实验中一试身手。你用拇指和中指将明信片用力一弹，明信片便飞向一边，而鸡蛋和戒指就完好地掉入装水的杯子里。杯子里的水恰好减缓了碰撞，鸡蛋因此能完好无损。

假如你技术已经纯熟，你可以试着用生鸡蛋来做这个实验。

如果用生鸡蛋来做这个实验，那么实验的原理是这样的：由于碰撞十分短促，鸡蛋在明信片被弹出的一瞬间没有获得明显的速度，受到撞击的明信片飞了出去，鸡蛋失去了依靠物，垂直掉入杯子。

如果这个实验你觉得很难完成，那么你也可以做一些更简单的实验。在手掌上放一张明信片（最好是半张），明信片上放一枚稍重些的硬币，然后将明信片一下子抽走，而硬币却留在手掌上。如果将明信片换成火车票，实验就更容易成功。

奇异的折断

一些杂技演员总是会变一些戏法，这些戏法原理很简单，但却常常令人惊异，令人拍案叫绝。在两个纸环上搭一根长木棍，一个纸环挂在一把剃刀的刀锋上，另一个纸环挂在一个容易折断的烟斗上（如图 27）。演员拿起一个重物，用尽全力朝木棍打去。接下来会发生什么呢？你将会看到，架在纸环上的木棍断了，两个纸环和烟斗却完好无损。

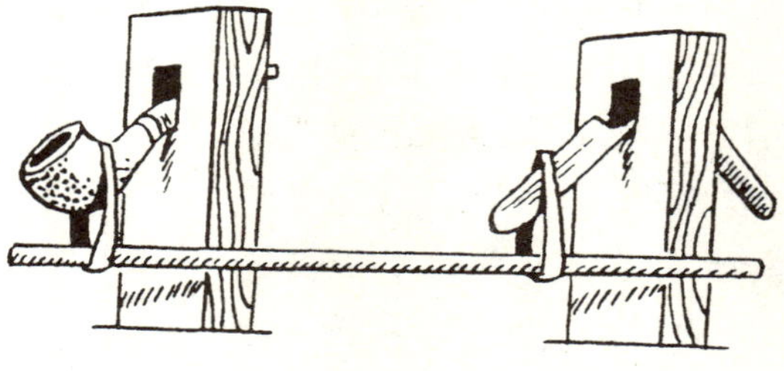

（图 27）

这个实验的原理与上一个实验原理基本相同。由于击打和撞击都在瞬间完成，纸环和被击打的木棍两端并没有任何位移，发生位移的只有木棍受击打部分，因此只有这一部分出现了折断。所以，这个实验的关键是击打时要快速、果断。缓慢的击打不但不能打折木棍，还会把纸环割断。

技艺高超的杂技演员能够将一根悬在两只玻璃杯边上的木棍打断，而玻璃杯却完好无损。

当然，给大家展示这些实验并不是单纯想让你们学习这样的戏法，而是希望你们懂得其中的原理，自己做一些类似的简易小实验。比如在桌子或板凳边上放两支铅笔，而且要使两支铅笔的未削尖部分露在桌子或板凳之外，然后在两只铅笔上搭一根细长的木棍，迅速用力用格尺朝木棍的正中央击打，将其打断，而铅笔却留在原地。

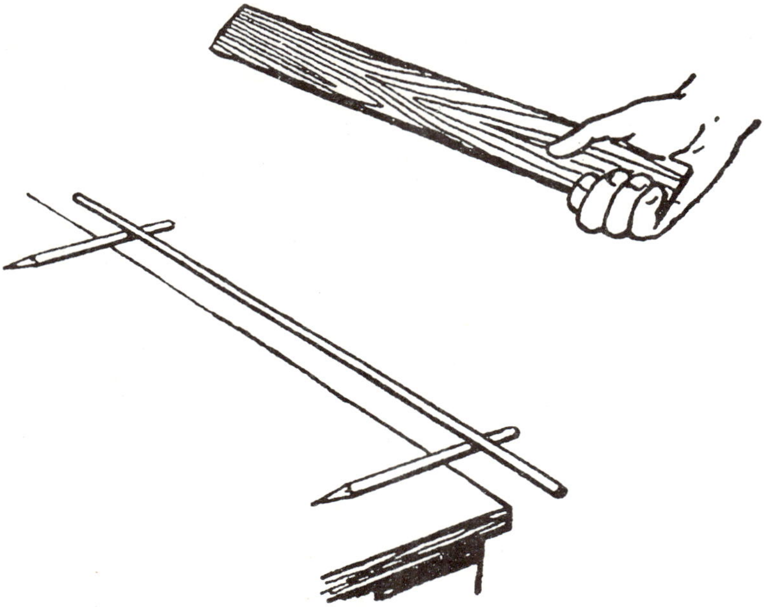

(图 28)

看完以上这些实验，你会明白，为什么你用再大的力气也无法用手掌将坚果打碎，而用拳头使劲一砸，就能把它击碎。原因是用拳头击打坚果的瞬间，碰撞是集中的，力没有被分散。如果用手掌击打，手掌上柔软的肌肉无法给予坚果足够的压力，从而无法把坚果打碎。

同样道理，射出的子弹可以在窗户上留下一个小洞，而用手扔出的小石头，因为速度比子弹慢，打碎的是整块玻璃。更缓慢的碰撞可以将窗框转向一旁，但是子弹和小石头却做不到这一点。

最后，再介绍一种类似的实例。如果用棍子慢慢按压另一根木棍，你用再大的力气也无法将那根木棍压断。而如果你憋足劲，一手砸下去，木棍一定会断。原理已在前面写得清楚，在此就不作赘述了。

自制潜水艇

每一个称职的家庭主妇都会知道，新鲜的鸡蛋放在水里会下沉。所以，家庭主妇们通常用来验证鸡蛋是否新鲜的方法就是将鸡蛋放入水中。如果下沉，就证明鸡蛋是新鲜的。如果漂在水面，则证明鸡蛋已不新鲜。物理学家这样归结道：新鲜的鸡蛋比与之同体积的纯净水的重量大。之所以要强调是纯净的水，是因为如果是非纯净水，比如盐水，则情况恰恰相反，因为盐水重量更大。

我们可以调制这种浓稠的盐溶液，使鸡蛋在这种溶液里更容易浮在水面。在这种情况下，根据阿基米得的浮力定律，新鲜鸡蛋会在这样的溶液里浮起（这是因为此时鸡蛋受到的浮力要大于重力）。

让我们运用所学知识来进行如下实验：物理学家将鸡蛋既不沉底也不漂浮，而是悬在液体里的状态称为“悬浮”。首先，我们要使盐水浓度满足如下条件：将鸡蛋放入盐溶液中，鸡蛋被浸没后，排出的盐水重量等于鸡蛋本身的重量。可以采取如下方法：如果鸡蛋漂浮，向容器里倒入一些水；如果鸡蛋下沉，再倒入一些浓盐水。经过几次耐心的调试，最终就使溶液内的鸡蛋悬浮在水中。

我们眼前出现了这样一艘别致的“潜水艇”。

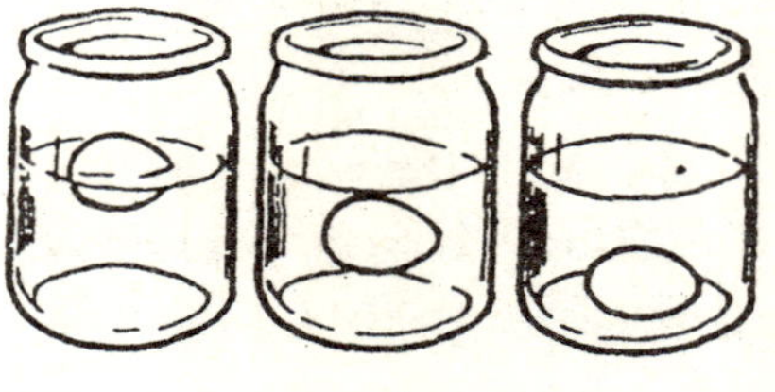

（图 29）

漂浮的针

你能使钢针像稻草那样漂浮在水面吗？也许这有些不太可能，因为即使是很小的钢铁制品都会沉入水中。

很多人都这样认为。但是如果你也持类似的观点，下面的实验将改变你的看法。

准备一根粗细适中的缝针，在上面轻轻涂上一层油，再用小碗、杯子或小罐盛一些水，然后将针轻轻地放在水面上。令人惊奇的一幕发生了，缝针没有沉向碗底，而是漂浮在水面。

为什么缝针没有沉入水底呢？要知道钢毕竟比水重，并且是水重量的7—8倍，放入水中的钢针无论如何也不能像火柴棍那样浮在水面上。但是我们的这根针却能浮在水面而不下沉。为了寻找其中原因，请认真观察一下浮动着的钢针的周围水面。在这块水面，你会看到一个凹痕，貌似一个小盆地，而钢针正处于“小盆地”的底部。

钢针周围水面发生凹陷是由于钢针被一层油裹着，没有与水发生直接接触。你们在生活中可能会发现，当手上有油的时候，再去沾水，手不易被弄湿。鹅以及所有能在水里游弋的动物的羽毛上都覆盖着自身分泌出的油脂，因此能避免水附在它们身上。这就是为什么用肥皂才能溶解并洗掉皮肤上的油脂，不用肥皂，即便你用热水也无法洗净手上的油脂。所以，裹了层油的钢针不会被水沾湿，它处在“小盆地”的底部，不能沉到杯底。

我们平常的手上总是沾有一些油，所以，即便不专门涂油，钢针也已经在我们手上沾染了一层油。在这种情况下，我们也可以将针浮在上面。

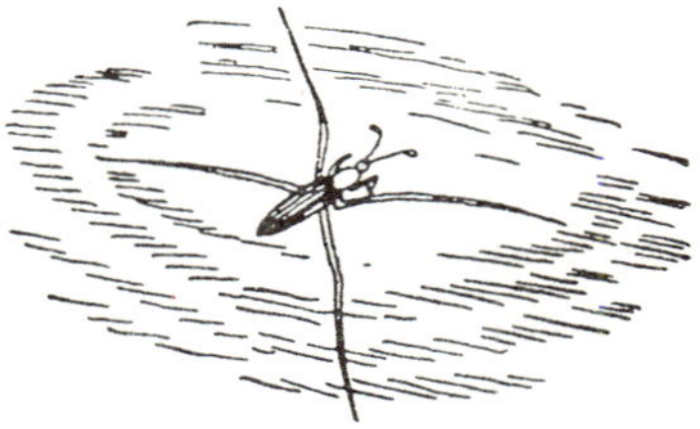

（图30）

当你偶然看到一只昆虫像在陆地上爬行那样，在水面上游弋，你就不会迷惑不解了，你肯定会明白其中的道理：昆虫的爪子因为沾染上一些油，从而不会被水浸湿，并因此在身下形成了一块凹痕，这块凹痕奋力恢复原状，因此昆虫被从下面推了上来而浮在水面上。

潜水钟

实验之前，准备一个普通的水盆，如果有一口缸就更好了。此外，还需要准备一只高点儿的杯子或干脆是大号高脚杯。这只杯子就是你的潜水钟，而盛满水的水盆或缸可以被看做是缩小版的大海或湖泊。

实验十分简单，首先，将杯子底朝上倒置，按到水盆里，一直按到盆底，手要一直按住杯子（避免杯子浮起）。这时，你不难发现，由于杯子里有空气，所以水并没有进到杯子里。当你的“潜水钟”里放有容易吸水的物品，如糖块儿时，你就会看得更加明显。在水中放一个木塞，木塞上放块儿糖，在它们外面罩上杯子。你们会看到，糖块儿所处的位置虽然低于盆中的水面，但由于水没有进入杯子，所以糖块儿仍然保持干燥状态。

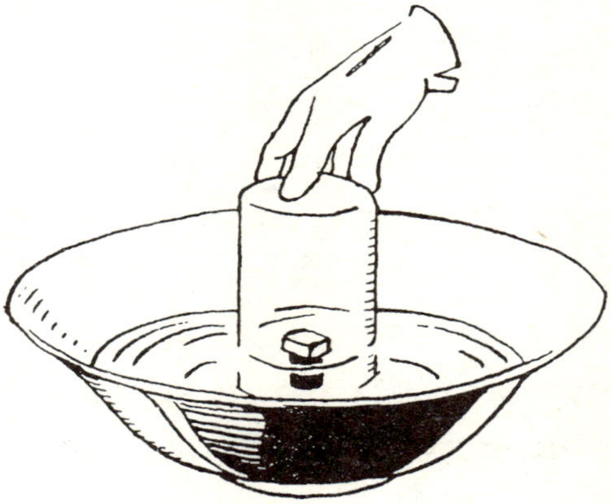

（图 31）

你也可以用玻璃漏斗来完成这个实验。首先将漏斗口朝下倒置，然后用手捂住上面的窄口，将漏斗浸入水中。你会看到，水同样也没进入漏斗。但只要你把手从漏斗口拿开，漏斗内的空气就会跑出去，漏斗内的水位开始快速升高，直到与漏斗外的水位线相等。

实验表明，空气并不是你们所认为的“看不见摸不着的东西”。当空气处于密闭状态时，它会占据一定的空间，排斥其他物体。

日常生活中，人们在潜水钟或是在被称作“潜水箱”的器物里进行水下工作的实例可以更直观地解释这类实验。二者原理其实是一样的。

水为什么没有流出来？

下面要介绍的是一种十分简单易行的实验，也是我少年时代做的第一个物理实验。首先将杯子盛满水，然后用一张明信片或是白纸盖在杯口，接着轻轻地用手按住明信片并将杯子底朝上倒置过来。现在，可以把手拿开，只要明信片是完全平整的，它就不会掉落下来，同时水也不会流出来。

在这种状态下，你可以自如地拿着杯子在屋子里来回走动，甚至可以比平时还要轻松自如，杯子里的水始终也不会洒出来。这时你可以用它来让你的亲戚朋友大吃一惊：当他朝你要水喝时，你就把倒置的装着水杯子递给他们。

究竟是什么托着明信片而不使它掉落呢？又是什么使它经得住这些水的重量？答案来自空气的压力：200 克的空气压力从四面作用在明信片上，这比杯子里的水重得多。

曾经向我展示并解释这个实验的朋友也让我注意到了这样一点：为了让实验成功，杯子里的水一定要倒满。反之，杯子的一部分空间会被空气占据，实验很可能会以失败告终。杯内的空气在平衡杯外空气压力的时候，会对明信片产生向下压力，因此，明信片可能会掉落下来。

掌握了这个原理之后，为了亲眼看见明信片掉落，我决定立即用没装满水的杯子再试一次。但是，令我吃惊的是，明信片却没有掉落！我又试了几次，证实了明信片确实和杯子装满水的时候一样，没有掉落(其中的问题出在哪儿呢？根据前面所学知识，自己想一想吧)！

这件事给我上了生动一课，让我明白该如何来研究大自然现象。实验才是自然科学里的最高法官。无论是多么近似真实的理论仍需要接受实验的检验。“边相信，边验证”是 17 世纪佛罗伦萨科学院院士研究自然界的最初原则。20 世纪的物理学家也同样遵循这条原则。如果在实验的时候发现我们想证明的理论是错误的，那么就应该去查明究竟错在哪里。

在我们的生活中，不难找出一些乍看上去令人信服，而实际上却是错误的论断。当用纸堵住未装满水的杯子的杯口时，我们小心翼翼地将纸的一个角弄平整。这时，我们会看到水中出现一些小气泡。这意味着什么呢？当然，杯中的空气较杯外更稀薄，否则，杯外的空气就不会急速冲到水上面的区域了。所以，这就是谜底：虽然在杯中有一些空气，但却比杯外的空气稀薄，因此压力较弱。显而易见，倒置杯子后，杯里的水向下沉的时候，挤出了一部分空气；剩下的那一部分空气扩充到先前的体积，因而就变得稀薄了，压力也随之减弱。这时，来自杯外的向上空气压力大于杯内向下的压力，因而纸片还是紧贴在杯口，并没有掉下去。

即便是最简单的物理实验也应该以认真严谨的态度来对待。小东西有大用处哩！

水中取物不湿手的奥秘

现在你们已经相信,包围着我们的空气会向与它接触的物体施加压力。接下来要介绍的这个实验会更直观地证明这种被物理学家称为“大气压力”的现象。

在扁平的盘子里放一枚硬币或一个金属纽扣,在盘子里倒满水,这样硬币便沉到盘底。现在要求在不湿手且盘子里的水又不倒出来的条件下,将硬币从盘子里取出。听到这儿,你们也许会说,这绝不可能。但是你们错了,现在请睁大眼睛仔细看吧。

介绍一下具体做法。首先,取一只杯子,在杯子里点燃一张纸,当杯子内的空气烧得发热时,将杯子倒过来扣在盘子里,并使硬币处于杯子旁边且与杯子保持一定的距离。现在请大家观察会发生什么情况。没过多久,倒置的杯子里的纸熄灭了,杯子里的空气开始冷却。伴随着杯中空气的冷却,水好像开始进入到杯子,盘子的底部露了出来,最后水全部流到杯子里。

稍等几分钟,等硬币彻底变干后,将其取出,这时我们的手确实没有被弄湿。

(图 32)

发生这种现象的原因并不难理解。在杯子烧热的过程中,杯子中的空气如同其他被烧热的物体一样会膨胀,膨胀后多余的那部分空气跑出杯子。当杯子开始冷却的时候,杯子里的空气显然变得稀薄,无法提供和原来一样大的压力来和外部气压保持平衡。这时,杯子正下方的水比在杯子周围的水承受更小的大气压力,所以,杯子外的水进入杯子就不足为奇了。实际上,水并不是像看上去那样被“吸”进杯子,而是从外面被“压”进了杯子。

了解原理之后,你就会明白,并不是一定要在实验中使用燃烧白纸或燃烧蘸有酒精的小块儿棉花，用沸水反复浇烫杯子也可以取得同样的效果。因为我们的目的只有一个，使杯子中的空气升温变热。

也可采用下列方式使实验更加易于操作。比如说，喝完茶，趁着茶杯还未变凉，将茶杯倒置在事先倒了一些茶水的茶碟上。几分钟之后，茶碟中的茶水就进到了茶杯里。

降 落 伞

用纸做一个直径为几个手掌大的圆形纸片，在正中央剪出一个几指宽的小圆圈。在圆纸片的边缘剪出一圈小洞，在小洞内穿上细线，每根细线长度相同，细线可以坠上一些重物。这样，一个简易的降落伞就做完了。

为了检验这个小降落伞的性能，我们从高楼上将其往下抛。我们会看到，重物开始拉紧细绳，圆形纸片完全打开，降落伞缓缓下落，最终安稳着地。在无风的天气里，降落伞可以安稳着地。而在有风的时候，即便是很小的风，也能将降落伞吹得满天飞，最后落到一个很远的地方。

降落伞的“篷”越大，能悬挂的重物就越多(为了不使降落伞被风吹翻，必须悬挂重物)，在无风的天气里降落伞降落得很慢，而在有风的条件下则会飘得更远。

为什么降落伞能在空中飘荡这么久？你可能会猜到，是风阻碍了降落伞下落；在我们这个实验中，要是没有圆纸片，重物就会快速坠落。在不给下落物体添加额外重量的条件下，圆纸片扩大了下落物体的表面积。下落物体的表面积越大，所受空气阻力就越大。

弄清了这个道理之后，你们也就清楚了，为什么灰尘会飘散在空中。人们习惯认为，灰尘能飘在空中是因为灰尘比空气轻，这是完全错误的说法。

灰尘是什么？灰尘是石头、黏土、金属、木头、煤炭等的细小颗粒。所有这些产生灰尘的原料都比空气重很多倍：石头是空气重量的 1 500 倍，铁是 6 000 倍，木头是 300 倍……这就意味着，灰尘一点儿也不比空气轻，相反，却比空气重许多倍。

照此推断，灰尘必定在空气中下落，即在空气里“沉没”。但是灰尘的下落就像降落伞那样，速度很慢。原因在于，即使非常细小的颗粒，它的表面积并不像它的重量那样微小，换言之，即便是再微小的颗粒，它的表面积也比它自身的重量大得多。我们将颗粒的表面积与一颗子弹进行比较：假设子弹的重量是颗粒的 1 000 倍，而颗粒的表面积却只比子弹少99%。这意味着，如果将表面积与重量相比，颗粒的表面积与它自身重量的比值是子弹表面积与自身重量比值的10倍。大家设想一下，如果颗粒继续缩小直至重量是子弹的百万分之一，那么颗粒就变成了铅颗粒。这样的铅颗粒表面积与自身重量的比值是子弹表面积与自身重量比值的1 000倍。而空气带给这样的铅颗粒的阻力自然就是给子弹的1 000倍。所以，灰尘颗粒会飘在空气中，而哪怕遇到再小的风，灰尘随即又被吹向高处。

蛇与蝴蝶

（图33）

在明信片或是在硬纸板上剪下一张杯口大小的圆纸片，然后用剪刀把圆纸片按螺旋形状剪成类似蜷缩在一起的蛇的形状（如图33），将纸蛇头部悬挂在支架上，蛇身垂了下来，形成了一个酷似螺旋形楼梯的形状。

纸蛇准备好了，可以用它进行实验了。将纸蛇放在燃烧着的炉灶旁边，蛇开始旋转起来，炉灶周围温度越高，蛇转得越快。厨房里到处都可以找到发热的物体——灯、水壶等，趁着这些物品温度正高，将纸蛇放置在其附近，你就会发现纸蛇一直不停地转来转去。如果用一根线将纸蛇悬在煤油灯上方，那么它会转得更快。

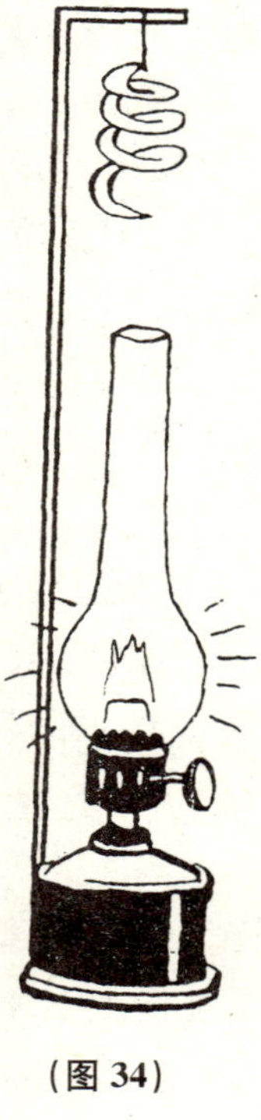

（图34）

什么能使纸蛇这样快速地旋转呢？现实生活中，经常发现这种神奇的东西，这种神奇的东西甚至能使风车的翼片转动。它就是气流。每一个发热的物体周围都有上升的暖气流。这是由于，和其他物体一样（除了冰），空气在加热的情况下体积会增大，这就意味着空气会变得更加稀薄，重量变小。而周围的空气比加热后的空气温度低，因此，周围的空气密度更大、更重，于是开始排挤加热后的空气，占据它的位置，将热空气往上推。而这股冷空气在替代热空气的同时，其自身也被加热，于是也延续了之前热空气的命运，被新的更冷的空气排挤。因此，每一个发热的物体都会在自己上方产生上升的气流，上升的气流会一直存在，直到物体冷却到与周围空气温度相同为止。换言之，每个发热的物体都会产生向上吹的暖风，这种暖风吹向我们做的纸蛇，使它旋转，就像风能使风车的翼片旋转一样。

此外，还可以用纸做个蝴蝶来进行这个实验。用纸剪出蝴蝶的形状，然后在中间系上细线或长头发，使其悬挂在灯的上方，纸蝴蝶像真蝴蝶那样开始翩翩起舞。舞动的纸蝴蝶在天花板上投下自己的影子。不知情的人乍一看还以为是房间里飞进一只巨大的黑蝴蝶，很可能大惊失色哩！

如果留心观察，我们会发现，其实在我们的生活中到处都能看到空气受热膨胀，暖气流上升的现象。

众所周知，在暖和的房间里，暖空气在棚顶集聚，而冷空气在地面流动。因此，我们往往感到，当房间温度不太高时，脚底下有风。相邻的两个房间，一个冷，一个热，房门稍稍打开，冷空气向下移动，暖空气向上升；如果在门附近放一根点燃的蜡烛，就能看到冷热气流的运动方向了。要想让暖和的房间一直保持较高温度，你就应当用毯子边儿或是用废报纸堵住门缝，阻止冷气流进入房间。这样，暖气流既不会被冷气流代替，也不会从房间的上方缝隙处溜走。

瓶子里的冰

隆冬季节弄一瓶子冰很难吗？如果天气很冷，这是一件轻而易举的事情。你只需在瓶子里灌满水，放在窗外，剩下的事就交给严寒了。瓶子里的水经过一段时间便冻成冰，这样我们就得到了一瓶冰。

然而当你做完下面的实验，你会发现，事情远非那么简单。冰是有了，可瓶子却没了：瓶子被里面的冰挤碎了。原因在于，水冻成冰之后，体积增加了大约 1/10，而这种膨胀不仅使瓶子崩裂，甚至还能使瓶颈碎裂掉落，与瓶身分离。瓶颈处的水冻成冰，堵住了瓶口，犹如给瓶子加了一个瓶塞。

水结冰膨胀所产生的力量甚至能将不太厚的金属炸裂。严寒条件下水结成的冰能将 5 厘米厚的炸弹铁壁胀裂。而在我们日常生活中，自来水管里的水结冰后，水管被胀裂（通常我们称之为冻裂）的事情屡见不鲜。

冰能在水面漂浮而不沉入水底，这种现象可以用水结冰后体积膨胀来解释。假如水结成冰后体积缩小，那么结成的冰就不会漂在水面，而是沉入水底（想想之前提到的阿基米得原理）。果真如此的话，我们冬天恐怕就没有什么可供娱乐的了。

无断裂切冰

你们也许听说过，按压在一起的冰块会“冻在一起”。但这并不意味将它们按压在一起时，它们会冻得更结实。恰恰相反，在用力按压冰块时，冰块反而会融化。然而刚一融化出冷水，就又重新结成冰了(因为此时的温度低于0℃)。当我们按压冰块时，冰块的凸起部分由于相互碰撞，相互挤压，开始融化，并在低于0℃的状态下变成了水。融化的水渗到冰块的间隙中，在那里，这些水没有受到更大的按压，便又冻成了冰。就这样，几个小冰块又形成一个大冰块。

下面，我们来做一个类似的实验。通过这个实验，你们会更加相信上面所讲的道理。准备一个长条冰块，将冰块的两端架在两个方凳上。用一条长80厘米，粗0.5毫米的细钢丝做个圆圈，套在冰块上。圆圈下端坠上两个电熨斗或是其他重约10公斤的物体。在重物的拉动下，细钢丝嵌入冰块，并缓缓地割穿了冰块，但是，被拦腰割断的冰块却没有塌落到地上。仔细一看，冰块是完整的，像没切过一样！

(图35)

结合前面所讲的知识，你就不难理解这种现象发生的原因了。在被细钢丝切割的过程中，切割面的冰会开始融化，但是刚刚融化的水又凝结成了冰。因此当细钢丝向下切割的时候，上部刚刚切割过的冰又重新冻在一起。

滑冰也能体现我们上述所讲的特点。当滑冰者穿上冰鞋，站在冰上的时候，他的整个身体重量都集中在冰刀上。冰刀下面的冰由于受到了来自人体的压力开始融化，于是冰刀就可以在冰上滑动了。当滑冰者从一处滑到另一处时，脚下的冰刀会将所到之处的冰融化。无论滑冰者往哪儿滑，他总是会将脚下的冰面融化成水，而这些水过了一会就又凝结成了冰。所以，冰刀下面的冰总是被融化的水弄得十分滑，这也正是冰面很滑的真正原因。

声音的传播

你在远处观察过伐木工人在伐树、木匠师傅在钉钉子的情景吗？在这个过程中你会发现一种奇特的现象：我们听到的敲击声与看到他们的动作并非同步，敲击声要比动作晚一些。木头已经伐完，钉子已经钉完，我们可能才听见敲击声。

你也可以走近或是离远一些再试几次。试过几次之后，你会找到这样一个合适的地点，在这个地方你听到的声音和看到的动作是同步的。然后回到原点，再试一次，发现这次声音与动作又不同步了。

你可能已经猜到了产生这种奇异现象的原因。声音从发出地传到你的耳朵里需要一定的时间。有时恰巧当敲击声传到你的耳朵时，工人们正举起锤子，准备击打下一次。于是你将看到，他们举起锤子的动作和敲击声是同步的。你会以为，声音与锤子举起的动作同步，锤子击打到物体时反倒没了声音。但如果你后退或前进一段距离，你可能又赶上声音和锤子击打的动作保持一致了。

声音在空气中传播的速度是每秒多少米呢？通过准确测算，大约是$\frac{1}{3}$千米/秒。声音传播每千米需用时 3 秒钟。如果伐木工人每秒钟挥起两次斧头，那么为了保证听到击打声时正好看到伐木工人举起斧头，你需要站到离伐木工人 160 米远的地方。

声音除了能在空气中传播以外，还能在其他的气体、液体和固体中传播。声音在水中传播的速度是在空气中传播的 4 倍，因此在水下可以清晰地听见任何声响。在水箱(一种很大的垂直管状物，人们可以借助这种器物在水下工作)里工作的人，可以毫不费力地听清岸边传来的声音。渔民们总会和你讲，岸边发出的哪怕很小的声响，也会让水里的鱼四处游散。

声音在一些有弹性的固体物质中传播的速度也比在空气中快，如铸铁、木头、骨骼等。把耳朵贴在长方木的一端，让你的小伙伴在另一端用指甲或小木棍敲击方木，你能听到从另一端传来的很响的敲击声。如果周围很安静，你甚至能够透过方木听到钟表的“滴答”声。

此外，声音还能在铁轨、铁梁甚至土壤中很好地传播。把耳朵贴在地上，当有马匹跑过时，由于声音在土壤中比在空气中传播得快，所以你能及时地听到马蹄声；远处炮弹发射时，耳朵贴地听到的“轰隆”声比在空气中闻听炸弹声要早。

声音在弹性物体中能较快地传播，但是在柔软的纺织物以及疏松的缺乏弹性的材料中则传播速度较慢。这就是为什么要在门上挂上宽大的门帘，来防止声音传到隔壁。

耳边的钟声

之前在讲述哪些材料传播声音更快时，我们曾经提到过骨骼。你们是否相信自己的头骨是传播声音的很好材料呢？

用牙叼起怀表上部的小圆环，并用双手捂住耳朵，你会清楚地听到摆轮有节奏的摆动声，这种摆动声明显比通过空气传播的指针旋转的“滴答”声大，因为摆轮发出的声音是经过头骨传到耳朵里的。

下面这个有趣的实验同样揭示了声音在头骨中能较好地传播这样一个道理。将一个汤匙绑在一根绳子的中间，拿起绳子的两端，并将两端分别堵住两只耳朵，然后向前晃动身子使汤匙自由摆动，接着将汤匙撞向某个坚硬的物体。这时，你会听到一阵低沉的声音，感觉就像是耳边响起了钟声。

可怕的影子

一天晚上，哥哥走过来问我：“想不想看一些奇特的东西？来，我们到隔壁房间去。”

隔壁房间一片漆黑，哥哥拿了一根蜡烛。我很勇敢，走在哥哥前面。我推开门，第一个走了进去，结果吓了一跳：墙上出现一个可怕的怪物。那个怪物像个暗影似的贴在墙上，眼睛直勾勾地盯着我。

说实话，我当时惊恐万分。要不是哥哥跟在后面，我早就吓得跑掉了。

我回头一看，明白了是怎么一回事。原来墙上的镜子被一张剪有眼睛、鼻子、嘴的大纸盖住了，哥哥点上蜡烛，拿到镜子前，于是镜子上纸的图案恰好映射在我自己的影子上。

了解了这些之后，我羞愧不已，原来我是被影子吓着了。在这之后，我偶尔用同样的方式吓唬我的那些小伙伴。在游戏中我渐渐明白，在镜子上布置所需要的形象

（图 36）

并不是件容易的事。在掌握这些技巧之前，需要进行多次练习。而通过镜子反射光线要遵循一些定律：射入的光线与镜子所成的角度应该等于镜子与反射出的光线形成的角度，即入射角等于反射角。知道了这个定律后，我很轻松地冲着镜子摆放蜡烛，以便使光点正好落在影子需要的地方。

测量光亮度

当距离远一倍时，蜡烛发出的光会变弱，这一点毫无疑问。但是亮度会减少多少呢？是减少 1/2 吗？不对，如果当距离远一倍时，放两根蜡烛，是不会达到原来的亮度的。想要达到原来的亮度，放两根蜡烛并不够，而是 2×2——4 根蜡烛。但当距离远 3 倍时，3 根蜡烛不行，应是 3×3，即 9 根蜡烛，以此类推。这表明，当距离为 2 倍的时候，则发光强度缩小 4 倍；3 倍距离时，减少 9 倍；4 倍距离时，减少 4×4＝16 倍；5 倍距离时，减少 5×5＝25 倍，以此类推。这就是发光强度随距离增大而减弱的定律。同时，我们也注意到了声音减弱的定律：如果声音传播的距离扩大 6 倍，则声音缩小 36 倍。

了解了这个定律之后，我们可以用它来进行两个光源的亮度比较。你一定很想知道灯光的亮度是烛光亮度的多少倍。换言之，就是确定，多少只蜡烛能够替代同样亮度的灯。

（图 37）

先将灯和蜡烛放在桌子的同一端，然后在另一端垂直放一张白纸。在白纸前方不远处立一根木棍或是一根铅笔。木棍在纸上投下两个影子：一个是灯照射产生的，另一个是蜡烛照射形成。但是，两个影子颜色的深浅度是有明显区别的：一个来自明亮的灯，一个来自暗淡的烛光。将蜡烛向前拉近一些，你会发现，两个影子深浅一致了，这就意味着，在这个距离时灯和蜡烛的亮度刚好相等。然而，灯与纸的距离比蜡烛与纸的距离要远。接着我们需要测量它们之间的距离，这样我们就能确定灯的亮度是蜡烛亮度的多少倍了。假如灯到白纸的距离是蜡烛的 3 倍，那么灯的亮度就是蜡烛亮度的 3×3 倍，即 9 倍。如果你回忆一下刚刚介绍过的发光强度减弱定律，你就会明白为什么这么计算了。

我们还可以利用纸上的油点来比较两个光源的亮度。如果从纸的背面照射油点，油点会很亮；如果从纸的正面照射油点，油点则显得昏暗。可以将两个光源分别放在油点的两侧，通过调整两个光源与油点的距离，来使油点被两侧的光源照射后的亮度相同。然后，只需分别测量两侧光源距油点的距离，并根据我们之前学过的知识，就能得出最后结果。为了能同时比较两侧油点的亮度，最好将沾有油点的纸放在镜子前，这样就能直接看到背面油点的情况了。具体采取哪种方法，你自己决定。

影像颠倒

如果你的家里有一个朝阳面的房间，这个房间正好可以充当一下物理装置，这种装置在拉丁语里被称为“暗箱”。首先，我们需要用一个糊上深色纸的胶合板将窗户遮盖住，并在上面钻一个小洞。

（图 38）

选一个晴天，将房间里的门窗都关上，使房间变得黑暗，然后在小洞对面一段距离的地方放一大张纸或是一个床单，这就是我们的“银幕”。这时，“银幕”上立刻就会出现透过小孔映射进来的缩小的窗外景物：房子、树木、动物以及行人，只不过它们都是倒过来的，即房子是房顶朝下，而人是头朝下。

你一定会感到好奇，这个实验究竟能证明什么？它证明了光是沿直线传播的：来自物体上部和下部的光线，在小孔中交叉后，继续向前传播，因此，来自物体上部的光线就落到了屏幕下部，而下部的光线则到了上部。假如光线不是沿直线传播，而是沿斜线或是折线传播的话，则会出现另一种景象。

需要指出的是，孔的大小和形状并不会影响所获得的图像大小。无论你把小孔钻成什么形状——圆形、正方形、三角形或是六边形，在屏幕上形成的影像是一样的。你是否看到在茂盛的大树下，地面会显现一些椭圆形的亮圈？这些亮圈不是别的，而是阳光透过树木枝叶的缝隙留下的影像。它们之所以呈圆形，因为太阳本身是圆的，又由于阳光倾斜着照射在大地上，所以，这些亮圈被拉长。拿一张白纸，当白纸与太阳光线成直角的时候，白纸上会留下一个标准的圆形亮点。在出现日全食的时候，当月球不断接近太阳，太阳一点点被遮蔽变成镰刀状时，树下的圆形亮点就变成了小镰刀形状。

摄影师为拍照而使用的装置不是别的，正是暗箱，只不过他在小孔里放上了镜头，这样可以获得更清晰的影像。同时，他在箱室后面的壁上安装了一面磨砂玻璃，并在这块玻璃上呈现出上下颠倒的影像。为了避免周围多余的光妨碍成像效果，摄影师用一块深色的布将暗箱盖住，并将头伸到布里观察暗箱里的情况，进行拍照。

了解了这些原理，你们可以自己动手尝试制作照相机。准备一个长一些的封闭箱子，在其中一个壁板上弄一个小孔，然后将小孔对面的整面壁板拆卸下来，并在壁板的位置用一张涂了油的纸来充当磨砂玻璃。把箱子放在暗房里，并把箱子上的小孔紧贴在窗户上，这时，正如之前所介绍的那样，在后面的油纸上会看到外面清晰的影像。

这种相机用起来很便利，并非一定要在暗房里使用，也可以带到户外或其他你想带到的地方。你需要做的就是用布蒙住照相机和头部，以防止周围多余的光干扰成像效果。

倒立的大头针

我们已经讨论了暗箱并了解它的工作原理。现在我要告诉你们一件意想不到事情，这就是其实我们每个人每天都携带着一对暗箱，这个暗箱就是我们的眼睛。在我们的眼睛里有一种被称为瞳孔的部位，它并不是一个普通的黑圆圈，而是在眼睛内部起重要作用的圆孔。瞳孔外面覆盖着一层透明的薄膜，而薄膜下面长有一层透明的凝胶状物质。瞳孔后面紧邻着的是透明的呈双凸透镜状的晶状体，从晶状体往后，直到后面薄膜的整个内部，都被透明的物质填充，后面的这层薄膜正是用来呈现所看到的外部事物的影像的。图 39 描述的正是我们眼睛内部的剖面图。不过这并不妨碍眼睛作为一种特殊的暗箱存在，只不过是更加完善了。在眼底的成像是很小的，比如，距我们 20 米远有一个高 8 米的电线杆，而这在我们眼中生成的图像却只有半厘米长，如同极细的破折号那么大。

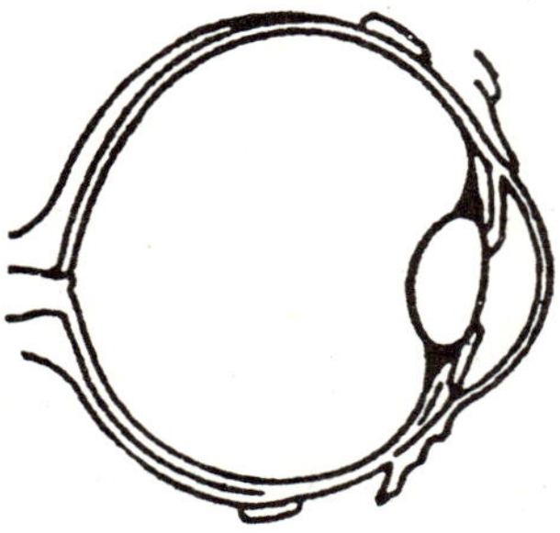

(图 39)

最有趣的是，虽然眼睛和暗箱一样，所形成的影像是倒置的，但是我们所看到的东西却都是正立的。这是为什么呢？这种现象发生的原因是，我们的大脑长期养成一个习惯：我们习惯于在用眼睛看东西时，把每一个获得的视觉形象都看成是自然正立的。

我们可以通过实验来证明这一点。在这个实验中,我们将设法在眼底得到正立的图像,而非倒立的影像。那时我们会看到什么呢?因为我们已经习惯倒置的视觉形象,所以,如果我们将这个形象倒置,这就意味着,在这种状况下我们看到的并非倒立的图像,而是正立的图像了。下面的这个实验会更直观地揭示这一点。

用大头针在明信片上扎一个小孔,然后使明信片对着窗户或电灯,并使右眼与明信片的距离保持在大约 10 厘米。接着,举起一根大头针放在明信片前面,务必使大头针的顶部对着明信片上的小孔。之后,你会看到,大头针似乎是被转移到了小孔的背后。更不可思议的是,它居然处于倒置的状态。正如图 40 描述的那样,当你将大头针向右移动时,而你眼中看到的大头针却是向左移的。

(图 40)

这种情况发生的原因是,在上述条件下,大头针在眼底的成像不是倒立的,而是正立的。明信片上的小孔起到光源的作用,用来投下大头针的影子。大头针的影子投在了我们的瞳孔上,但影像还不是倒着的,因为距离瞳孔太近。而在后面的薄膜上会呈现一个亮圆,即明信片上的小孔的影像。在亮圆上可以看到大头针的深色轮廓,这是大头针正立的影子。我们通过明信片上的小孔看见后面的大头针(因为看到的只是处在小孔内的那部分大头针)。此外,之所以会看见大头针处于倒立状态,是因为按照我们的习惯,我们的大脑总是本能地将所有接收到的影像倒置过来。

磁　针

通过之前的介绍，你们或许已经掌握了如何将钢针漂浮在水面上。现在我们运用一种新的技巧来做下面这个趣味实验。首先准备一个不太大的马蹄形磁铁。然后将钢针漂浮在一个茶碟上，并把马蹄形磁铁靠近茶碟。这时你会看见，在磁铁的吸引下，钢针顺从地“游”到磁铁所在的茶碟边上。如果再把钢针放进盛水的茶碟前，将钢针在磁铁上磨几下，那么钢针会更迅速地被磁铁吸引过去。原因是这样可以使钢针磁化，使之变成另一个磁铁。

用这种磁化的钢针可以做很多实验。将磁化的钢针放入盛有水的茶碟，你会看到，钢针在水中保持固定的方向，即南北指向，犹如一部指南针。但一定不要在茶碟附近摆放任何磁铁和铁制品，因为这会影响钢针的磁性。如果你将茶碟旋转，钢针仍旧保持原来的指向，一头指南，一头指北。如果将磁铁的一端靠近水中的钢针，钢针离磁铁较近的一端不一定会被立刻吸引过去，也许会转过去，反而另一端开始靠近磁铁，这种现象被称作两个磁铁的“交互性”现象。这种交互性现象的原理在于异名的两端（一个磁铁的北极与另一个磁铁的南极）相互吸引，同名的两端（不同磁铁的两个南极或不同磁铁的两个北极）相互排斥。

了解了磁化钢针的特点之后，接下来，我们来做一个小纸船，并把钢针放在纸船里。在不触碰纸船的情况下，你也可以控制纸船的运动，这会让你的小伙伴们迷惑不解。结果他们发现，在你的手里握有一块磁铁。在这种情况下，毫无疑问，纸船会顺从你的命令，你让它往哪儿游，它就往哪儿游。

磁铁剧院

接下来要介绍的不是剧院，更像是杂技团，因为里面展示的是用纸剪成的走钢丝的杂技演员。

首先需要用纸板制作出一个演出棚，并在棚子下方拉一条钢丝。然后在舞台上方固定一块马蹄形磁铁。

接下来我们准备一些杂技团演员。我们用纸剪出形态各异、身怀绝技的演员，但是这些演员的身高必须与钢针的高度一致，然后用封蜡将针粘在演员的背后。

（图 41）

由于有磁铁的吸引，这些纸做的演员在钢丝上不仅不会掉下来，而且还会站立在上面。轻轻地拉动钢丝，上面的演员就犹如获得了生命，不停地摇摆，跳动，但身体却一直保持平衡。

带电的木梳

假如你对电学一无所知，甚至连最基本的电学符号也不知道，这没有关系，接下来做的一些电学实验会让你认识大自然中这种神奇的力量。

冬季，温暖的房间是进行这种实验最好的时间和地点，因为这种实验在空气干燥的环境中更容易成功。冬季里温暖的房间比夏天同样温度下的房间更干燥，因此更有利于实验的进行。

在实验开始之前，用木梳在干燥的头发上来回摩擦。在干燥暖和的房间里，如果房间里很安静，那么当你用木梳梳头时，你会听到轻微的"噼啪"声。这是因为木梳在与头发摩擦后带了电。

木梳不仅能与头发摩擦起电，当与毛织品摩擦时，一般也会带电，这种带电的属性表现在方方面面。第一个方面表现在它能够吸引一些轻盈的物体。当摩擦过的木梳分别接近小碎纸片、谷壳、圆珠笔笔珠等轻盈物体时，这些物体会立刻蹦起来粘在木梳上。接着用纸折一些小船，将小船放入水中，借助于带电的木梳，你就可以操控这些水上的纸船了，此时，木梳真像是一个有魔力的指挥棒。

（图 42）

还可以将实验做得更加神奇。在高脚杯上放一个鸡蛋，在鸡蛋上面放一把长格尺，并让格尺保持平衡状态。当带电的木梳接近格尺的一端时，格尺会开始迅速旋转。

听话的鸡蛋

除了木梳，你还可以从别的物体中发觉相同的带电属性。将火漆棒与绒布或是毛料的衣袖相摩擦，你会发现起电现象。而玻璃管和玻璃棒在与丝织品摩擦后也会带电，但是在用玻璃制品做摩擦起电的实验时需要在很干燥的条件下进行。如果空气不够干燥，可以用加热烘干的办法，使空气变得足够干燥。

看下面这个有趣的摩擦起电的实验。在生鸡蛋的一头钻一个小洞，将里面的蛋黄和蛋清倒出来。为了更好地倒出里面的蛋液，可以在另一头再弄一个洞，将里面的东西吹出来。用白色的蜡将空蛋壳的两个洞堵上，再将空蛋壳放在光滑的桌面或

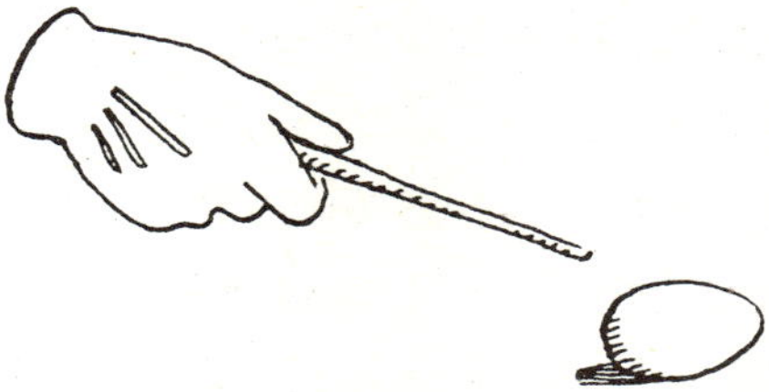

（图 43）

板子上。接下来用一把带电的小棍儿靠近空蛋壳，空蛋壳就会听话地随着小棍儿转动起来。

别人并不知道鸡蛋是被掏空的。你如果在他面前演示这个实验，就会使他感到莫名其妙。将空蛋壳换成圆环或是小圆珠，这些东西一样可以跟随小棍儿转动。

相 互 作 用

我们在力学中曾经学过单方面的吸引力。确切地说，单方面力的作用是不存在的，因为力的作用是相互的。这意味着，带电的小棍儿在吸引其他物体时，其本身也被其他物体所吸引。为了证明这种相互吸引力的存在，我们可以设法让带电的木梳或小棍运动起来，比如，可以用细线（最好是丝线）将这些物体悬挂起来。

这时你会看到，我们用手就可以吸引一切悬挂着的带电物体，并使它旋转。我们所讲的这些都是大自然的普遍规律，而这些规律自始至终存在于我们生活中。力是物体对物体的相互作用，所以力都是成对出现的。有力就有施力物体和受力物体。一个物体，既是施力物体同时也必然是受力物体，两物体的作用是相互的，施加力的同时也受到力，这两个力就是作用力与反作用力。一个物体对另一个物体施加作用力，而另一个物体对这个物体不施加反作用力，这种力是不存在的。

电荷的排斥现象

我们再回到前面那个悬挂木梳的实验。在那个实验中，我们看到木梳会被带电的物体吸引。实验证明，两个带电物体之间相互作用的表现形式是不同的。当你将带电的玻璃棒接近带电的木梳时，它们会相会吸引，但如果将火漆棒或是另一把木梳靠近这把木梳的话，便会出现相互排斥的现象。

这一系列现象可以用物理定律概括为异种电荷相互吸引，同种电荷相互排斥。

检测电的装置——验电器，正是基于这种原理制造的。

你也可以自己动手制作一台简易验电器。准备一个瓶子和能堵住瓶口的木塞，没有木塞也可以用圆纸板（大小能盖住瓶口）。然后用一根细铁棍穿过木塞或圆纸板的中心，并且使细棍露出一部分。接下来，用蜡在细铁棍底部粘两条金属箔片。然后，将木塞插入瓶口或把圆纸板盖在瓶口，并在瓶口边缘涂一些蜡。这样，简易验电器就做好了。当把带电的物体拿到露出的铁棍跟前时，电就传到了下面的两条金属箔片那儿；两条金属箔片同时带电，又由于带了同种电，导致相互排斥，所以两条金属箔片就分散开了。金属箔片发生排斥分散现象就意味着接触到验电器上细铁棍的物体带电。

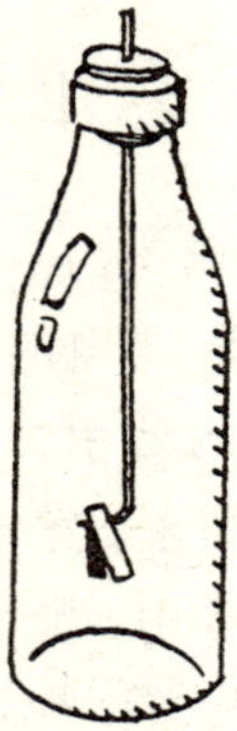

（图 44）

我们还可以把验电器做得更简单一些。虽然下面这台验电器不那么敏感，但却很实用。

（图 45）

将用细线拴着的两个木芯小球悬挂在木棒上，并使悬挂着的两个小球处于接触状态。这样就做成了一个简单的验电器。将待测物体接触其中的一个小球，如果此物体带电，则另一个小球会偏离这个小球，向另一侧游离。

电的特点之一

通过前面展示的简易测电装置，你们一定了解了电所具有的一种很重要的特点，即电荷总是集中在物体突出的表面。

用几滴封蜡使两根火柴竖立在火柴盒上。剪下一张小纸片，要求纸片宽度和火柴一边长，长度相当于3根火柴的长度。接着，将纸片两端卷起，套在两根火柴上。在纸片的两面分别粘上3—4个纸条(如图46)。

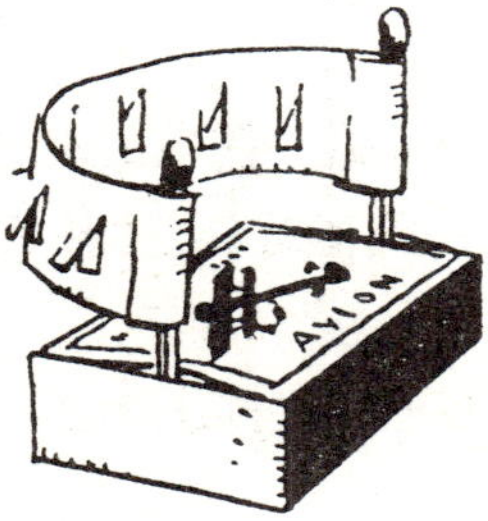

(图46)

现在，我们可以用这个简易装置来进行试验了。先用手拉伸一下纸片，再用带电的火漆棒去触碰它。这时，如果纸片每一面上的小纸条向两侧翘起，则可以断定，纸片和上面的小纸条同时都带了电。此时，我们将穿在火柴上的纸片弯向另一侧，这时我们再通过触碰使它带电，你会看到，纸片上只有凸形一侧的小纸条翘了起来，而凹形的小纸条则垂了下来。这又说明什么呢？这说明，电荷只集中在物体凸起的表面。而当你把纸片弄成S形时，你会确信，电荷的确只存在于纸片凸出的部分。

3. 报纸小实验

什么是“用脑子看”？——重量超常的报纸

有一天，哥哥对我说：“我们晚上做一些电的实验吧。”

“实验？要做新的实验了？”我欣喜若狂。“什么时候开始？是现在吗？要不我们现在就开始吧！”

“做任何事情都要有耐心。我们还是晚上做吧。现在我得走了。”

“去弄机器吗？”我问道。

“什么机器？”

“发电机呀。做实验要用机器啊！”

“机器肯定要用的，不过机器我们早已经有了，就在我的包里。你可不要趁我不在的时候翻我的包哟。”哥哥担心我乱翻，一边穿大衣一边说：“你什么都不会找到的，不仅不会找到，还会把包翻得乱七八糟。”

“机器确实在包里吗？”

“确实在包里。”

哥哥漫不经心地把包放在前厅的桌子上，就走出了家门。

现在，哥哥的包就放在我的面前，它像磁铁一样吸引着我，几乎掌控了我的全部思想和感觉，让我欲罢不能，坐立不安。

令我奇怪的是，这么小的包怎么能装得下一台机器呢？况且，机器也不可能是扁平的呀。包没有扣上，我小心翼翼地往包里看。好像有什么东西用报纸包着。莫非是小盒子？不对，是几本书。里面只有几本书，别无他物。我猜想，哥哥是在跟我开玩笑。

哥哥两手空空地从外面回来，看到我失望的表情，他立即明白了其中的缘由。

“看来，你是动我的包了！”哥哥略显不满。

“机器到底在哪儿？”我问道。

“在包里嘛，你没有看到？”

“里面只有几本书。”

“机器确实在包里，你是怎么看的？”

“怎么看的？用眼睛看的呀！”

“光用眼睛看是不够的，还要用脑子去看。不光要看，还要思考。这就叫‘用脑子去看’。”哥哥解释道。

“怎样才能用脑子去看呢？”我问道。

“如果你想知道的话，那我就给你讲讲用眼睛看和用脑子看的区别。”

哥哥从口袋里拿出一支铅笔，在纸上画了几个图形。

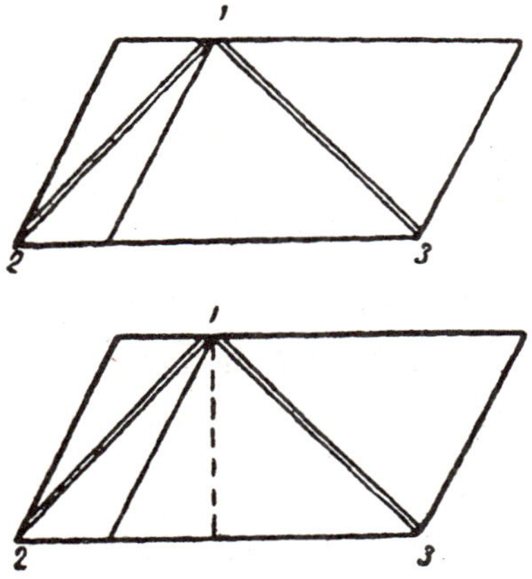

（图 47）

“在图中，双线表示铁路，单线表示公路。仔细观察并回答，1—2 和 1—3 两条铁路中哪条更长？”

“当然是 1—3 更长。”

“这只是你的直观，现在你需要开动脑筋，认真揣摩这个图形。”

“应该怎么看呢？我不太懂。”

“应该这么看：过 1 点做一条垂直于公路 2—3 的直线。”说着，哥哥用虚线画出这条线。“现在想想，这条虚线将公路 2—3 分成了几份？”

“等分成两份。”

“没错，等分成两份。这就意味着，虚线上所有的点到2点和3点的距离是相等的。那1点呢？1—2点近还是到3点近？”

“噢，现在我看明白了，它到2点和到3点的距离是相等的，但刚才我却仿佛觉得右边的铁路线比左边的铁路线长呐。”我恍然大悟。

“那是因为你当时光用眼睛看，而现在是‘用脑子看’。你明白二者之间的差别了吧？”

“嗯，我明白了。但机器究竟在哪呢？”

“什么机器啊？啊哈，能发电的机器吗？它就在我的包里。你没有看到它，是因为你没有用脑子去看。”

哥哥从包里拿出一包书，小心翼翼把书放到一旁，将包书的那张报纸交给我。

“这就是我们的发电机。”

我迷惑不解地看了看报纸。

“你觉得这仅仅是一张报纸吗？”哥哥问道。“如果你懂得用脑子去思考，你应当想到，它可以是一台物理装置。”

“物理装置？是用来做实验的吗？”我问道。

“没错，是做实验的。你现在把报纸拿在手里，报纸确实很轻，你用一只手就可以把它举起来。现在请注意看，我会把报纸变得很重很重。把尺子递给我。”

“报纸不结实，它对我们没什么用的。”我说道。

“那岂不更好吗？弄坏了也不可惜。”

哥哥把尺子放到桌子上，并将尺子的一部分探出桌外。

“敲击探出桌外的那截尺子，尺子很容易被敲弯。现在我用报纸盖住桌子上的这截尺子，你试试能不能将探出桌外的那截尺子敲断。”

哥哥把报纸上所有褶缝都抚平，铺在桌子上，盖住桌子上的这截尺子。

“找一个棍子，用力击打伸出桌子的那截尺子。只能击打一次，动作要快，劲要大。”哥哥吩咐道。

“我如果这样打，报纸会被尺子打穿，尺子也会跳得很远。”我一边举起棍子，一边说。

“你只管用力吧。”

我用力敲了下去，结果却完全出乎我的意料：尺子断成了两截，而桌子上的报纸却完好无损，仍然盖在桌子上的另一截尺子上。

“报纸似乎要比你想的重得多呀?”哥哥得意地问道。

我不知所措地把目光从断了的尺子转向桌子上的报纸。

“这是电实验吗?”

“这个实验与电没有关系。电实验我们回头再做。我想让你明白，报纸是可以充当物理实验装置的。”

“为什么报纸没有被尺子穿破呢？要知道我能轻而易举地将报纸从桌子上举起来。”

“原理如下：报纸上方有很强的气压，每平方厘米的报纸收到的气压差不多整整1千克。当击打伸出桌外的那截尺子时，桌子上的那截尺子会从下往上顶撞盖在它表面的报纸，这时，报纸应该微微向上抬起。如果击打动作慢，则空气会从外面透入报纸，并与报纸上方的压强保持平衡。但是，如果你击打动作非常快，报纸上方的空气就不会透入报纸底部：当报纸的中心部分往上顶时，它的边缘部分仍贴在桌子上。因此尺子所要顶起的不单单是一张报纸，而是报纸和压在它表面的全部气压。简单地说，尺子顶起的全部重量取决于轻微向上抬起的那一块报纸的面积。如果这块报纸有16平方厘米，即边长为4厘米的小正方形，那么这个正方形所承受的气压就是16千克。但是，整张报纸的区域显然更大，这就意味着要举起更大的重量，差不多有50千克。这样的重量，尺子显然是顶不起来的，所以尺子断了。你现在相信报纸可以用来做实验了吧？等晚上我们再来做电实验吧。”

手上冒出的火花——听话的小木棍——山上放电

哥哥将一张报纸在壁炉上展开，然后用刷子在报纸上来回摩刷。

“快看!”哥哥边说边将双手从壁炉上拿开。

我想报纸肯定会滑落到地上，可事实却恰恰相反：报纸竟诡异地留在光滑的壁炉上，像粘上去一样。

“报纸是怎么固定在壁炉上的？明明没有涂胶水嘛。”我不解地问。

“是电把报纸固定在了壁炉上。因为报纸带电了，并与壁炉相互吸引。”

“可是你并没有告诉我包里的报纸是带电的?”

“报纸并不是最初就带电的，而是刚才我们用刷子摩刷它，才使它带电的。”

“这么说，这才是真正的电实验哩?”

“是的。这才刚刚开始，好戏还在后头呢。你去把灯关上。”

黑暗中我隐约看见哥哥的身影和壁炉上灰白色的报纸。

“现在，请注意看我的手。”

哥哥把报纸从壁炉上拿了下来。他用一只手拽住报纸，使其悬吊起来，另一只手五指张开逼近报纸。

此时此刻，我简直不敢相信自己的眼睛——哥哥的手里迸出了火花！很长的蓝白色的火花！

“这其实是电火花。想亲自尝试一下吗?”

我立刻将双手缩到背后，说:“不想。”

哥哥重新将报纸放到壁炉上，用刷子刷了几下。接着，又重复了一遍刚才的动作，他的手里再一次迸出长长的火花。我注意到，他的手指根本没有碰到报纸，而是放在距离报纸10厘米远的地方。

“你试一下吧，只要不去触碰它，它就不会弄疼你的。把手给我。”哥哥拽着我的手，把我拉到壁炉跟前:“把手张开！像这样！疼吗?”

我还没来得及弄清楚是怎么回事，几道火花就从手里迸了出来。在火花闪耀的时候，我看到哥哥并没有把整张报纸从壁炉上拿下来，而只是掂起一部分，下面的那一部分仍然像之前那样，紧紧地贴在壁炉上，像粘上去似的。同时，在火花迸溅的瞬间有一种轻微的针刺感，但不疼。因此，我当时并没有很害怕。

“让我再试一次吧！”我恳求道。

哥哥将报纸拿回到壁炉，并开始直接用手掌摩擦。

“你在干什么？为什么不用刷子?”

“没关系，都一样。”

“这次不会有火花的，因为你没用刷子，而只是用手去摩擦。”

但情形和上次一样，手上仍然迸出了火花。

当我欣喜地欣赏一次又一次迸出的火花时，哥哥对我说:“好了，接下来，我将给你展示放电现象。把剪刀递给我。”

哥哥在黑暗中将剪刀伸向从壁炉上拿下来的那半张报纸。而我正期待着火花四溅，但却发现什么也没有：虽然剪刀距离报纸有一段距离，但是张开的剪刀的两个尖部冒出道道红里泛青的细光，同时还发出“嗞嗞”声。

“这样的火花会剧烈燃烧起来吗?”我好奇地问。

“当然不会。因为事实上这并不是火,而是一种冷光现象。这种冷光很冷,但是无害,它无法将火柴点燃。我们用一根火柴来代替上面实验中的剪刀。你看到了吗,被冷光重重包围的火柴并没有燃烧起来。”

“可是,我感觉火柴燃烧了,因为我看到火柴头冒出了火焰。”

“把灯打开,借着光亮,你再看一看火柴。”

这时,我才确信,火柴并没有被点燃。这就意味着,火柴周围是冷光,不是火焰。

“不必关灯了,下一个实验需要在灯光下进行。”

哥哥搬过一把椅子放在屋子中间,又找来一根木棍,他要把木棍横着放在椅背上。放了几次之后,哥哥成功地将木棍横在椅背上。

“我第一次看到,木棍还能这样放!”我惊异地说道。

“之所以能够这样放,是因为它是细长的。要是木棍很短,如铅笔等,就不行了。”

“现在进入正题。你能在不触碰木棍的前提下,让木棍转向你吗?”

我开始思考起来。

“用绳子套住木棍的一端。”

“不可以用绳子,不可以触摸。”哥哥解释说。

“啊哈,我想到了!”我喊道。

我把脸靠近木棍,开始用嘴使劲吸气,试图把拐杖吸过来。然而,拐杖仍然一动不动。

“怎么样?”哥哥问。

“没有办法。你的要求根本无法完成。”我沮丧不已。

“可以完成的。我们一起来试试。”

哥哥从壁炉那儿拿下之前贴在上面的报纸,然后慢慢将报纸从侧面接近木棍。木棍与报纸距离不足半米。木棍似乎受到了来自带电报纸的吸引,顺从地向报纸方向转了过来。接着,哥哥通过移动报纸,使木棍在椅背上来回旋转,时而向左,时而向右。

“看到了吧,带电的报纸通过强有力的吸引,使木棍动起来并跟随报纸移动,直到报纸上的静电完全消失。”

“遗憾的是,这些实验没法在夏天进行,因为夏天是不烧壁炉的。”

“在我们的实验中,壁炉是用来干燥报纸的,必须用非常干燥的报纸才能确保实验成功。你也许会发现,因为吸收了空气中的一些水分,报纸通常会有些潮湿,所以我们必须将报纸干燥。夏天也不是绝对不能进行这类实验,只是实验效果与冬天相比会大打折扣。究其原因,不难发现,冬天,烧得暖和的房间要比夏天的房间干燥得多。可见,干燥的物体和干燥的环境对于实验的成功尤为重要。夏天,你可以将报纸放在刚刚做完饭菜的炉灶上,做完饭菜的炉灶温度有些降低,不至于将报纸点燃。也可以用这种方法来干燥报纸。将干燥过的报纸放在干燥的桌面上,就可以用刷子刷摩报纸来进行摩擦起电试验了。虽然报纸也会因此带电,但带电效果并不如在壁炉上摩擦时的带电效果好。好了,今天就到这吧。明天我们做新的实验。"

"也是电实验吗?"

"没错,仍然使用我们的发电器——报纸。但是现在我给你读一段书上的内容,讲的是法国著名科学家索绪尔在山里遭遇放电现象的一次经历。一次,索绪尔与自己的同伴到达了海拔 3 000 多米的萨利峰,在那儿他们遭遇了放电现象。"

哥哥从书架上取下一本书,是弗拉马利翁的《大气》,读了起来:

"索绪尔一行人登上山顶后,将随身携带着的铁手杖放在山崖边,然后开始吃午餐。这时索绪尔感到肩膀和背部有些疼痛,那种感觉像是针慢慢刺入身体一样。'我以为是披风里掉进了大头针,可是,当我把披风脱下来,疼痛不但没有缓解,反而更加严重了。疼痛很快遍及整个背部,这是一种既痒又刺痛的感觉,就像被蜜蜂蜇了一样。我赶忙脱第二件外套,疼痛感更强,渐渐变成灼伤,我仿佛觉得身上的毛衫烧着了。正当我要脱下毛衫的时候,突然听见一阵嗡嗡声。仔细一听,声音来自靠在山崖边的手杖,像是水要沸腾的声音,这种声音一直持续将近 5 分钟。

这时我明白了,我们遭遇了山上的放电现象。由于是白天,我们没有看到手杖上的光。当把铁手杖拿在手中,无论是头朝上、还是头朝下或是保持水平状态,铁手杖都会发出刺耳的声音。而脚下的泥土却没有任何反应。

几分钟后我感到自己的头发和胡须都竖了起来。与此同时,我的一个年轻的旅伴大叫一声,原来他的头发和胡须也竖了起来,从他的耳尖传来一股强电流。我抬起手,感到电流从我的手指发散出来。总而言之,电流从铁手杖、衣服、耳朵、毛发以及一切身上的凸出部位发散出来。

我们赶快往山下走,下了 100 多米。越往山下走,铁手杖的声音越小,最后,声音小到只有把铁手杖放在耳边才能听到。'"

关于索绪尔的遭遇哥哥就读到这儿。接着,我又读了书中其他关于放电的描述。

“当山上乌云密布，乌云压顶时，山崖经常会发生放电现象。

一次，沃森和一些旅行者准备攀登少女峰（地处瑞士山区）。早上天气还很晴朗，可是当他们即将走到山口的时候，突然狂风大作，风中还夹杂着冰雹。这时，天空响起隆隆的雷声，沃森很快听见，铁手杖发出嗞嗞声，像水烧开的声音一样。一些旅行者停了下来，发现随身携带的手杖和斧子也发出了同样的声音，并且响个不停，直到他们将手杖和斧子插到土里，声音才停了下来。突然一个人摘下帽子大声叫喊说，他的头发烧着了。的确，他的头发像带了电一样，全部竖立起来。大家都感觉到自己脸上和身体的其他部位有种痒痒的感觉。而当手指在空气中晃动时，手指尖也会发出类似电的嗞嗞声。”

会跳舞的小纸人——纸蛇——头发竖起来

哥哥没有食言，第二天傍晚，又带着我开始做实验。哥哥首先将报纸贴在壁炉上，然后向我要了一些结实的纸。哥哥用我给他的纸剪出一些造型各异、滑稽可笑的小人。

“我可以让这些小纸人跳舞。帮我拿一些大头针过来。”

（图 48）

很快，每个小纸人的脚部都被穿上了大头针。

“这是为了避免小纸人散开，也为防止它们被报纸吹到一边。”哥哥说着，便将这些小纸人分散地摆在托盘里。准备停当后，哥哥宣布：“演出正式开始！”

哥哥从壁炉上取下报纸，用双手将报纸平托着，置于铺有小纸人的托盘的上方。

“起立！”哥哥向这些小纸人发出指令。

你们想一想，会出现什么样的情景？

小纸人全部站了起来，而且笔直地站着，直到哥哥把报纸撤走，它们才又重新倒了下去。不过，哥哥好像并不想让它们休息太久，他将报纸再次靠近托盘，然后又再次拿开。小纸人便随着哥哥的动作，站立、倒下。

“要不是我这样来回移动，这些小纸人会直接跳上报纸，并贴在上面。你信不信？”哥哥边说边给我演示起来。一些小纸人果然紧紧地贴在报纸上。“这就是静电引力现象。接下来，我们做一些斥力实验。你把剪刀放到哪去了？”

我把剪刀递给了哥哥。哥哥又把报纸铺到壁炉上。

（图 49）

过了一会儿，哥哥开始剪报纸。哥哥从报纸底边开始剪，先从下往上剪出一个细条，但是剪到最上边的时候没有剪断。接着又用这种方式，剪出第二条，第三条，第四条……。哥哥大概剪出七八个这样的纸条，报纸被剪成了胡须状。正如我所预料的那样，在哥哥剪报纸的过程中，报纸并没有从壁炉上掉下来。哥哥用手抓住报纸的顶部，用刷子刷了几下报纸，接着用手指抓住报纸的顶部，把它从壁炉上取了下来。

这时，我看到，每一个下垂的细纸条开始逐个分散开，明显感到，纸条之间出现了相互排斥现象。

哥哥解释说："它们之所以会一一散开，是因为它们自身都带了电。但是，它们会被不带电的物体吸引。把你的手伸到纸条中间，这些细纸条会被你的手吸引过去。"

我蹲了下来，把手伸到这些纸条中央，可是伸着伸着就无法继续了，因为纸条像蛇一样缠住了我的手，使我没法继续下去。

"这些'蛇'没吓到你吧？"哥哥问道。

"当然没有，我知道是纸条。"

"可我却很害怕这些纸条。你是不知道它们有多么可怕啊！"

哥哥将一张报纸放在自己头部上方，这时，我看到哥哥的头发全都竖立起来。

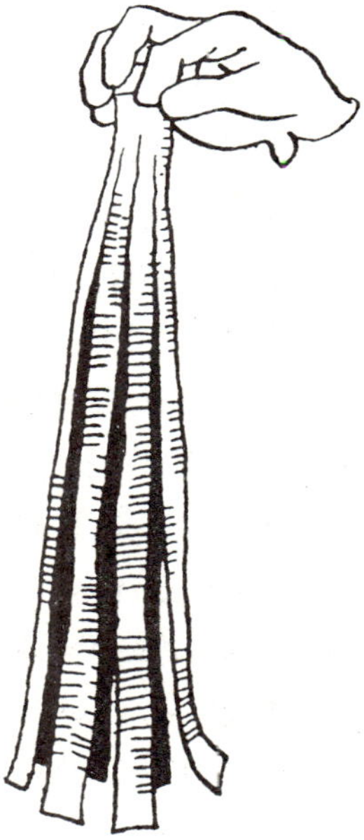

（图 50）

"这也是实验吗？"

"这不就是我们正在做的实验吗，只不过是换了一种方式罢了。报纸使我的头发也带了电，并且吸引着我的头发。同时，每一根头发又如前面的那些细纸条一样相互排斥。把镜子拿过来，你会看到，你的头发也会这样竖立起来。"

"不疼吗？"

"放心吧，一点也不疼。"

接下来，我在镜子中清晰地看到自己的头发也神奇般地竖立起来。真的丝毫没有感觉到疼，只是有些痒。

至此，今天的实验全部结束。哥哥答应我明天继续做实验。

小闪电——水流实验——神奇的一吹

第二天晚上，哥哥带着我继续做实验，不过实验的准备工作却十分奇特。

哥哥拿来 3 个杯子。他把杯子放到壁炉边烘烤一会儿，然后放在桌子上。接着他将托盘也放在壁炉旁烘烤一会，将其盖在 3 个杯子的上面。

“这会出现什么情况呢?”我好奇地问。“杯子应该放在托盘上,而不是托盘放在杯子上嘛。”

“等等,别急。下面我们要进行闪电实验。”

哥哥又去壁炉那边,目的是去摩擦壁炉上的报纸。摩擦一阵之后,他又将报纸对折,继续摩擦。然后,哥哥把报纸拿了过来,放在托盘上:

“你摸一下托盘,不是很凉吧?”

我毫不犹豫地用手去触碰托盘——触到托盘的一刹那,我立刻又把手缩了回来:不知什么东西发出“噼啪”的声响,我感觉我的手指被它刺痛了一下。

哥哥哈哈大笑起来说:“怎么样?你被雷电击到了吧。听到噼啪声了吗?这就是小雷电的声音。”

“我感觉像是被针扎了一样,但是没看见闪电。”

“如果我在黑暗中再做一遍这个实验,你就会看到了。”

“不过我可不想再碰托盘了!”我果断地说。

“放心吧!你可以用钥匙或茶匙触碰托盘,来激起电火花。用钥匙或茶匙触摸的时候,你不会有什么感觉的,但电火花确实不小。我先自己激起电火花,等你完全适应了黑暗,你再去做。”

说着,哥哥关掉了屋里的灯。

“从现在开始不要出声。仔细观察钥匙和托盘。”哥哥嘱咐道。

在托盘和钥匙接触的一瞬间发出“噼啪”声,同时伴有半根火柴那么长的耀眼的蓝白色电火花。

“看到闪电了吗?听到雷声了吗?”哥哥问道。

“可是它们是同时发生的。而真正的雷声总是晚于闪电。”

“没错。我们总是在闪电之后才听见雷声的。但是在我们的实验中,‘噼啪’声和电火花确实同时产生了。”

“为什么我们会后听到雷声呢?”

“你所看到的闪电,不是别的东西,而是光,而光的传播速度很快,瞬间就能穿越很远的距离。而雷电,是一种爆炸,这种爆炸的声音在空气中的传播速度就不那么快了。所以它被闪电远远甩在后面,因此我们总是先看见闪电,后听见雷声。”

哥哥把钥匙递给我,然后取下报纸,此时我的眼睛已经适应了黑暗。哥哥让我自己试着去引起火花。

“不用报纸还会出现火花吗?”

“你试一下就知道了。”

我还没来得及把钥匙真正接触到托盘,就看到道道明亮的长火花。

现在,哥哥又将报纸放到了托盘上,我又试了一次,但这次的火花明显弱了很多。之后,哥哥又尝试很多次,他将报纸放在托盘上,然后又将报纸从托盘上拿起来(没有再放在壁炉上摩擦报纸),每一次我去引出火花时,火花一次比一次弱。

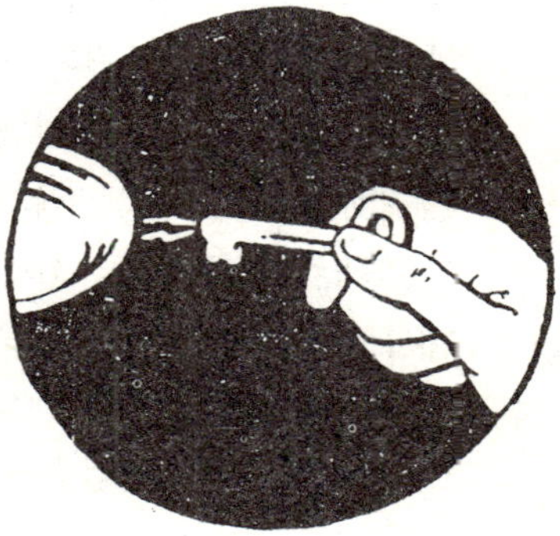

(图 51)

“如果不是直接用手拿报纸,而是用细线或布条,火花会更长。等你以后真正学习物理的时候,你就会知道其中的原因了。暂时你还只能用眼睛来看这些实验,无法用头脑去思考和发现这些实验的本质。下面的实验需要用水流来完成。我们得在厨房的水龙头旁来进行这个实验。把报纸暂时放在壁炉上吧。”

我们拧开水龙头,水急速流下,大声拍打着盆子底部。

“现在,在不用手引导的情况下,我能让水流改变方向。你想让水流往哪儿流?向左、向右还是向前?”

“向左。”我不假思索地说道。

“没问题。别碰水龙头,我去把报纸拿来。”

哥哥取来报纸。他用手指夹住报纸,胳膊前伸,努力使它远离自己的身体,以使报纸保持静电。当他从左侧将报纸靠近水流时,水流果真开始向左弯曲,当从右侧靠近水流时,水流又向右侧弯曲。最后,哥哥用报纸在正面吸引水流,水流顺从地往前流,甚至流出盆外。

“看到静电的吸引力有多大了吧? 你也可以不用壁炉或灶台,用一些简易的方式也可以进行这项实验。比如你可以用普通的橡胶梳子。”哥哥说着,便从口袋里掏出一把橡胶梳子,并用它在头发上梳了几下。“你看,这样梳子就带电了。”

“可是,你的头发是没有电的呀?”

“是的! 我的头发和你以及所有人的一样,都是普通的头发。但当橡胶梳子与头发发生摩擦后,橡胶梳子就带电了,与报纸和刷子摩擦带电是一个道理。你看!”

哥哥将橡胶梳子靠近水流,水流明显地发生了倾斜现象。

“对于其他实验，梳子就不太适用了，因为用梳子和用普通报纸相比，梳子摩擦所产生的静电要比报纸少很多。下面，我再用报纸给你做一个实验，这也是我们用报纸做的最后一个实验。不过这次不是电实验，而是与空气压力有关。”

我们从厨房回到了房间。哥哥用报纸糊了一个长长的口袋。

“趁纸口袋在这儿晾晒，你去搬一些厚重的书放在桌子上。”哥哥说道。

我从书架上拿了 3 本厚重的医学书，并把这些书放到桌子上。

“你能把报纸做的口袋吹鼓起来吗?”哥哥问道。

“当然能啦!”我不假思索地答道。

“很简单的事，是吗？那假如在纸口袋上放两本这样的书呢?”

“那样的话，我是无论如何也无法把口袋吹鼓的。”

“现在请注意看，我能把它吹起来。”

“难道你还想把放在它上面的书也吹掉吗?”我嘲笑说。

“你还真说对了!”

哥哥默默地将口袋放到桌旁，将一本书平放在口袋上，接着，把另一本书立着放在这本书上。

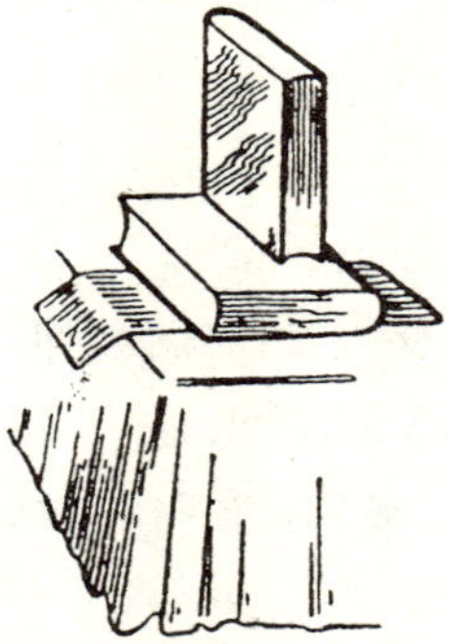

(图 52)

哥哥开始朝口袋里吹气。你们能猜到接下来会发生什么吗？口袋鼓了起来，最下面的书有些往上顶，将上面的书弄翻了。这些书可是重 5 千克左右哩!

我还没有从震惊中缓过神儿来，哥哥又在口袋上放了 3 本书，又做了一遍实验。真是神奇的一吹！3 本书全被吹翻了!

在这个看似不同寻常的实验中其实并没有什么奇特的地方。当我自己亲自挑

（图 53）

战的时候，我也像哥哥那样，成功地将书吹翻了。无需拥有像大象那样的肺活力，无需拥有强有力的肌肉，似乎一切发生得都那么自然，几乎不需要过大的压力。

这时，哥哥开始给我解释其中的原理。在我们吹纸口袋的过程中，我们向口袋里吹入了空气，而这部分空气显然比口袋外的空气压力要大，否则，口袋是不会膨胀的。口袋外空气的气压大约为每平方厘米 1 千克，同时我们需要计算出口袋与压在它上面的书相接触的面积（这里，我们可以假设书的面积大约为 10 厘米乘以 10 厘米，即 100 平方厘米）。接下来我们要知道，与口袋外稀薄的空气相比，我们集中向口袋内吹气，形成的压力一定会比口袋外的空气压力大很多。即使口袋内的压力比口袋外只多出 10%，即每平方厘米仅仅多出 100 克，但是，口袋内的空气向外施加给与书接触部位的全部压力就会比外部气压多出将近 10 千克（100 克/平方厘米乘以 100 平方厘米等于 10 千克）。毫无疑问，如此大的压力足以将压在上面的书掀翻。

至此，用报纸进行的物理实验我们就全部进行完了。

4. 72 个物理问题与实验

怎样用不准的天平秤准确称重?

精准的秤和精准的砝码,你觉得哪个更重要? 许多人认为,秤更重要。然而实际上,砝码比秤更重要。没有精准的砝码根本无法准确地称出物体的重量。即使秤不准,但砝码精准,我们一样能够准确地称出物体的重量。

假如你身边有个天平秤,但你不知道它是否精准,建议你采用如下的方法来称重。不要急着将待称重的物体直接放到天平上,应该先找一个重于待称物体的重物,将其放在天平秤的一个托盘上。接着,在另一个托盘里放上与第一个托盘中的物体等重的砝码,使天平保持平衡。

接下来,将待称物体放在装有砝码的托盘里。当然,此时这个托盘里的物体就比另一个托盘重了。我们为了保持平衡,需要从该托盘里取出一部分砝码,而取出的这一部分砝码的重量正是待称重物体的重量。你猜到原因了吗? 这是因为: 所要称重的物体所在托盘的全部重量,正好是之前托盘里全部砝码的重量。这里有个关键的条件: 在真正放入待称重物品的前后,托盘的重量是完全相等的(道理很简单,因为天平秤另一侧托盘里的物品我们始终没有动过)。

这种在不准的天平秤上准确称重的方法是由俄国化学家德·门捷列夫提出的。

站在台秤上

当一个站在台秤上的人迅速下蹲时,请问这时台秤的踏台会向上摆动还是向下摆动?

仔细观察后你会发现,这时踏台会向上摆动。你知道为什么吗? 这是因为人下蹲时，身体肌肉在将我们的躯干降低的同时，会将我们的腿部向上拉伸。这时，整个身体施加给踏台的压力会减少。这样一来，踏台就向上摆动了。

滑轮上的重物

假设一个人最多可以举起 100 千克的重物。如果要举起重于 100 千克的重物，他通常会选择使用滑轮。找一根绳子，将绳子穿过固定在棚顶的滑轮上，绳子的一头拴上重物，人用力拉动绳子的另一端，用这样的方法究竟能举起多重的重物呢？

实际上，用这种方法举起的重量并不比我们直接用手举起的重量大，有时还会小一些，原因是当人通过滑轮试图拉紧拴着重物的绳子时，他能拉起的重量不会超过其自身重量。这说明，当人的体重少于 100 千克时，他根本无法用这种方式拉起 100 千克的重物。

两个铁耙子

人们常常将重量与压力这两个概念混为一谈，其实它们并不是一回事。一个物体可能自身重量很大，但它施加给其他物体的压力却很小。相反，有的物体自身重量很小，但它却能给其他物体施加很大的压力。

通过下面的例子你会清楚地看到重量与压力的区别，并且可以学会，怎样计算一个物体施加给另一个物体的压力大小。

地里有两个结构相同的耙子，一个大约有 20 个铁齿，另一个大约有 60 个铁齿。第一个耙子能耙起重 60 千克的东西，第二个耙子能耙起重 120 千克的东西。

现在请你们想一想，哪个耙子耙地更深？

其实这个答案很容易得出：哪个耙子的铁齿承受压力大，哪个耙子耙地越深。具体计算如下：第一个耙子有 20 个铁齿，它能承重 60 千克，每个铁齿分担的压力为 3 千克。第二个耙子每个铁齿分担的压力为 120÷60，等于 2 千克。这就是说，虽然第二个耙子比第一个耙子重，但它的铁齿铲入土壤较浅。因此，结论是第一个耙子每个铁齿承受的压力比第二个耙子大，故第一个耙子耙地更深。

酸 白 菜

下面我们来学习一种计算压力的方法。

在两个腌渍酸白菜的木桶上分别盖有圆形的盖子，盖子上面压着石头。第一个木桶的盖子直径为 24 厘米，可负重 10 千克；第二个木桶的盖子直径为 32 厘米，可负重 16 千克。

请问，哪个木桶里的白菜承受压力更大？

很明显，每平方厘米承重较大的木桶承受的压力更大：第一个木桶上的 10 千克重量分布在 3.14×12×12＝452 平方厘米的面积上，这就意味着 1 平方厘米承受的压力为 10 000÷452，约为 22 克。同理，第二个木桶 1 平方厘米承受的压力为 16 000÷804，即不到 20 克。因此，第一个木桶承受的压力更大。

马与拖拉机

走在泥泞的道路上，人和马很容易陷进去，而重型履带式拖拉机却可以在上面行驶自如。许多人困惑不解：为什么比人和马重很多的拖拉机可以在上面行驶自如呢？

为了弄清这个问题，我们需要再次厘清重量和压力的区别。

在这样的道路上，陷得更深的不是重量较大的物体，而是使单位面积的泥土受重较大的物体。拖拉机重量很大，但是这些重量分散在表面积很大的履带上。因此，拖拉机施加给每平方厘米泥土的压力仅仅在 100 克左右。与此同时，马的全身重量都集中在马蹄下很小的面积上，马蹄下面的泥土每平方厘米所承受的压力大约是 1 000 克——这差不多是拖拉机的 10 倍。因此，在泥泞的道路上，马相比拖拉机更容易陷进去也就不足为奇了。很多人也许看过这样的情景，人们为了让马匹在泥泞的道路上正常行走，会给这些马穿上宽大的“鞋子”。穿这些“鞋子”的目的就是用来增加马蹄与地面的接触面积，从而防止马匹深陷泥潭。

冰 上 爬 行

当河面或湖面上的冰层已经不太结实时，人在上面行走非常危险。一些生活经验丰富的人在这种情况下不会在冰上直立行走，而是采用爬行的方式穿过冰面。他们为什么要这么做呢？

我们知道，人在爬行的时候虽然体重不变，但是他与冰面的接触面积增大了，因此，每平方厘米冰面所受的重量减少了。换言之，人给单位面积的冰面施加的压力减小了。

现在你们应该明白了，在即将解冻的冰面上，爬行是比较安全的方法，因为这种方法可以减小人体对冰面的压力。

冰面最多能承受多重的重物呢？这取决于冰层的厚度。当冰层厚度为 4 厘米的时候，它能够承受住人的重量。

如果在河面或湖面修建滑冰场，冰面厚度应该是多少呢？平均来说，10—12 厘米就可以了。

绳子从哪里断？

首先，将两扇门打开，并在两扇门上架一根木棍。然后，在木棍上系一根绳子，绳子中间挂上一本厚书。接下来，在绳子的尾部系上一把尺子。现在，我们抓住下面的尺子来拉动绳子。试想一下，绳子的哪个部位会断掉呢？是书上面的部分，还是书下面的部分（见图 54）？

其实，这两种情况都有可能发生，关键在于你怎样拉动绳子。轻缓地拉动，书上面的那部分绳子会断掉；猛然用力拉动，书下面的那部分绳子将被拉断。

（图 54）

这究竟是为什么呢？轻缓拉动绳子时，书上面那部分绳子之所以会被拉断，是因为不仅你的手给它施加作用力，绳子上的书也辅助地增加了拉力。而猛然拉动绳子时，情况就不同了。在拉动的那一瞬间，书并没有明显地移动，因此书上方的绳子没有受到拉力。相反，此时所有的力量都集中在书下面的绳子上。所以，即使下面的绳子比上面的粗，它也仍然会被拉断。

剪口的纸条

下面，我们用一张一手掌长、一指宽的纸条做一个非常有趣的实验。首先，像图55那样，在纸条的两个地方剪出两个小口。接下来，问你的小伙伴："从纸条两端拉拽这个纸条，会发生什么情况？"

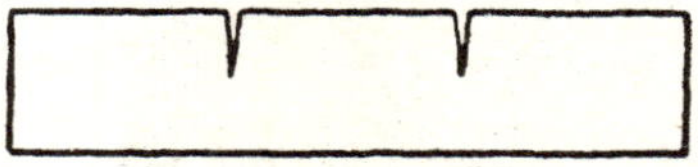

（图55）

你的小伙伴一定会回答："纸条会从裂口处断开。"

接下来，你再问他："会断成几截呢？"

这时，人们通常会回答："三截。"

为了确认到底能断成几截，我们必须亲自验证一下。

无论用多大的纸条进行实验，无论上面的两个裂口深浅如何，拽断的纸条一定是两截，不是三截。正如民间谚语所说的那样："哪里最细哪里就会断。"实际情况正是如此：哪个部位最脆弱，纸条就会在哪个地方断。原因在于，无论你怎样努力使两个裂口剪得一模一样，它们总是不可避免地会深浅不一，有所差别，这种差别我们的肉眼一般无法看出。在这种情况下，较深的裂口处会最先断裂。所以，即使是两个裂口，断裂的纸条也是两截，而不是三截。

读者应该会觉得收获颇丰，因为看似简单的实验，却使你们从中接触到了一门严肃而重要的学科——材料力学。

结实的火柴盒

试想一下，当你用力击打一个空火柴盒时会出现什么情况？

我相信，绝大多数人会说，火柴盒将会被打碎，只有极少数人确信，火柴盒将会完好无损。这极少数人要么自己曾经亲自做过这个试验，要么从其他人嘴里听过这个实验的正确答案。

首先，将空火柴盒内外两格分离(如图 56)，将一格置于另一格之上。然后，快速击打火柴盒。这时你将看到如下现象：火柴盒的两格弯瘪过去，但拿起来一看，它们却完好无损。这是因为，火柴盒有很好的弹力，这样的弹力保证它们可以在遭受外力击打时弯瘪并在随后迅速恢复原状。

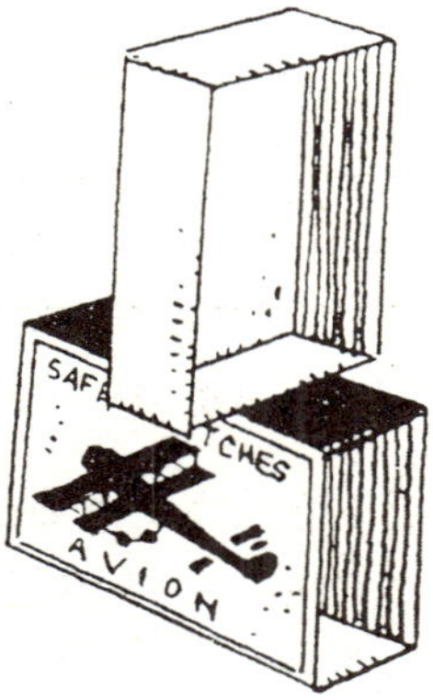

(图 56)

将火柴盒吹向自己

将一个空火柴盒放在桌子上，让你的小伙伴将这个火柴盒吹走。当然，这毫不费力。但是现在，让你的小伙伴反过来，不是将火柴盒吹走，而是把它吹向自己。注意，不允许将头伸到火柴后面将火柴盒吹向自己。

能成功完成这个实验的人并不多。一些人也许会想到用吸气的方式，用尽全身力气将火柴盒吸向自己。但毫无疑问，这样做是不会成功的。而实际上，解决问题的方法很简单。

让你的小伙伴把手放在火柴盒的后面，然后开始对着手用力吹气。此时气流吹到手上时会发生反弹，折回来的气流就会推动火柴盒向你的方向移动了。

挂　　钟

墙上的挂钟(带一根摆锤)慢了，如何通过摆锤来纠正挂钟的时间呢？如果挂钟走快了，我们又该怎么办呢？

摆锤越短，摆得越快。因此，我们可以这样解决上述问题：当挂钟慢了的时候，通过升高摆杆下部的圆圈来缩短摆锤长度，从而使摆锤摆动得更快；反之当挂钟走快了的时候，将摆锤拉长一些即可。

摆杆会停在什么位置？

在摆杆的两端固定有重量相等的两个小球（如图 57）。在摆杆的正中间钻一个洞，并将一根织针转过这个小洞。现在绕着织针旋转摆锤，摆锤转了几圈后会慢慢停下来。

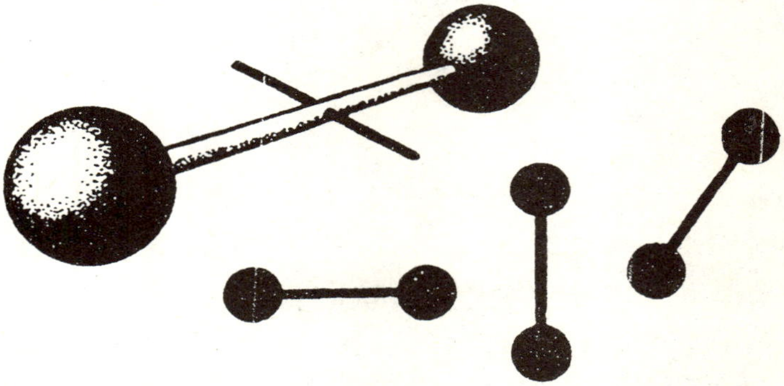

（图 57）

你能说出摆杆会停在什么位置吗？

一些人会说，摆杆大概会停在水平位置上，这种说法是错误的。实际情况是：摆杆可能停在任意的位置上并保持平衡（如图 57），无论是水平的、垂直的、倾斜的都可以，这是因为它始终悬挂在重心上。一切悬挂在重心上的物体，都会在任意位置上保持平衡。

所以这个问题的答案就是，我们无法预先知道摆杆会停在什么位置。

在车厢内跳跃

一列火车正在以 36 千米/小时的速度行驶。现在，你正站在这列火车的其中一节车厢里，准备向上起跳。我们假设你在空中可以停留 1 秒（之所以这样大胆假设，是因为跳起的高度大于 1 米）。请问落地时，你会落在什么地方？能否落在你起跳时的原地呢？如果落在其他地方，是往前落，还是往后落？

其实，你恰好会落到起跳时的地方。不要认为，在你滞于空中时，车厢的地面会随车厢前行，把你甩在后面。虽然车厢一直在快速向前行驶，但车厢中跳起来的人在惯性作用下也在向前快速运动，并与列车的速度相同。因而结论就是，在车厢中跳起的人，落地时必然会落在他原来起跳的地方。

在轮船上

在一艘正在航行的轮船甲板上，两个人正在玩球，一个人站在靠近船尾的地方，另一个人则站在靠近船头的地方。请问，在这两个人中哪个人更容易把球投给对方？是站在船头的人？还是站在船尾的人？

当轮船匀速直线航行时，两个人投球给对方的难易程度是相同的，这与两人在陆地上的情况相同。不要认为，站在船头的人会接不到球，站在船尾的人会迎着球。由于惯性作用，球会以与轮船相同的速度向前运动，因此实际情况就是，球自身以及两个玩球的人都在以轮船运行的速度向前运动。这样，在轮船进行匀速直线运动时，两个人投球给对方的难易程度是一样的。

热气球里的旗

当空中的热气球被北风吹动时，请问，热气球里的旗会向哪个方向飘？

被气流推动的热气球，会与自己周围的气流保持相对静止状态。因此，热气球里的旗不会向任何方向飘动，而是像在无风的天气中那样，保持自然下垂的状态。

热气球向哪里移动？

当热气球在天空中处于静止状态时，一个人爬出热气球的吊篮，并拽着一根绳子往上爬。请问这时热气球是向上移动还是向下移动？

结论是向下移动。这是因为当人拽着绳子向上攀爬时，会将上面的气球拽向相反的方向，即向下，就类似当人在小艇里向前走动时，小艇会向后移动的情况。

走 与 跑

走与跑的区别是什么？

在回答这个问题之前，请记住，跑步有时也是很慢的，这种慢跑实际上相当于另一种方式的行走，有时还有原地跑哩。

跑与走的区别并不在于运动速度的快慢。当我们走路的时候，我们的身体总是用双脚的某一点与地面接触。而当我们跑步的时候，我们的身体可能在短瞬间完全离开地面，腾在空中。

自动平衡的木棍

将一根光滑的木棍放在两手的食指上。接下来，两根食指相互靠拢，直到紧紧贴在一起。奇怪的事情发生了！木棍并没有翻倒，而是仍然保持平衡状态。即便你通过改变手指的姿势多次实验，最后的结果都是一样——木棍总会处于平衡状态。当你用制图格尺、手杖、台球杆、地板刷等分别替换木棍再进行实验，你还会得到同样的结果（如图 58）。

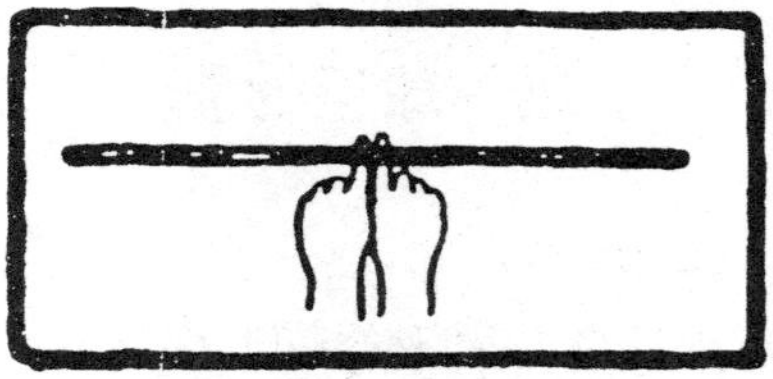

（图 58）

这种奇特现象背后的奥秘究竟是什么呢？

首先，我们要明确，一旦木棍在紧靠的手指上处于平衡状态，那么显然这时手指紧靠的地方一定是处在木棍重心的下方（经过一个物体的重心引一条垂线，当垂线经过支撑它的物体内部，此时这个物体受到下面物体的支撑会处于平衡状态）。

在两根手指分开而非靠拢时，靠木棍重心较近的那根手指会承受更大的重量。

随着压力的增加，此时摩擦力也增大了，即更接近木棍重心的手指会承受比另一根手指更大的摩擦力。所以，更接近木棍重心的那根手指不会在木棍下面滑动。反之，在木棍下面运动的总是离木棍重心较远的那根手指。而当远离木棍重心的手指经过调整，比另一根手指更接近重心时，两根手指的角色就发生了转换。这种角色的转换会持续发生若干次，直到两根手指紧紧地并在一起。

在结束这个实验之前，请你们再用地板刷来重复一遍这个实验(如图 59)。同时，希望你这次带着这样一个问题去做这个实验：首先用两根手指使地板刷平衡，然后在平衡处将这个地板刷弄断，把断开的两截刷子分别放在一个天平的两个托盘里，此时哪个托盘更重一些？是装刷子杆的托盘还是装刷子的托盘？

(图 59)

乍看上去，既然由刷子杆和刷子两部分构成的地板刷在我们的手指上能处于平衡状态，那么截断后放在天平托盘上，天平的两个托盘也应该是平衡的。但实际上，放刷子的托盘更重一些。原因不难理解，当地板刷在手指上处于平衡的时候，两部分并不是一个平衡的杠杆臂。这主要是因为地板刷并不是一个重量均匀分布的物体。因而，在其断开后放在天平上时，也即被放在了一个平衡的杠杆的两端时，呈现出来的重量是不一样的。

河面划桨人

一条带桨的小船在河面上游弋，船近旁有一块木板。请问，对于船上的划桨人来说，哪个更容易：是超过木板 10 米，还是落后木板 10 米？

对于这个问题，一些经常从事水上运动的人也常常给出错误的答案。他们认为，逆流划桨比顺流更费力，因此认为顺流向前划桨超过木板更容易。

船要靠岸时逆流划桨比顺流更费力。但是，本文所讲的那块漂浮在河面的木板恰好处在小船邻近，情况就不同了。

当小船被水流推动时，小船与水流处于相对静止的状态。也就是说，划桨人在这种情况下划桨与在平静的湖面上划桨完全一样。在平静的湖面上，向任何方向划桨，其难易程度都是相同的，这个原理同样适用于本题所述情景。

所以，在本题中两种情况所耗费的劳动是完全相同的，难易程度完全一样。

河面上的涟漪

人们在向水中投掷石头时会激起浪花，同时水面上会泛出层层涟漪。

请问，向流动的河水中投掷石头，产生的涟漪形状是什么样的？

如果不使用正确的方法去思考这个问题，很容易得出错误的推论。其实，如果我们认真观察水面上的涟漪，我们就会发现，无论水流多么湍急，石头击水泛起的涟漪总是圆形的。

这其中并没有什么特别之处。经过简单的推断我们就可以得出这样的结论：无论是在静水中还是在流动的水中，石头击水泛起的涟漪都是圆形的。我们来看一看水波运动的两种形式：一种是从震荡中心开始的急速扩散；另一种是顺着水流舒缓移动。一个物体，它参与到水流运动中，如果该物体在水中完成的动作是连贯的，那么它最终会落到它应当落下的地方。

因此，我们可以假设，石头投到静止的水面，毫无疑问，在这种情况下，涟漪是圆形的。

现在我们想象一下，水在流动，无论是以什么速度，不管是匀速还是变速，水的流动都是向前的。流动的水面上涟漪会是怎样的呢？实际情况是，这些涟漪会与水一样平行向前移动。在移动过程中涟漪的形状不会发生改变，一直保持圆形。

蜡烛火苗为什么会倾斜？

拿着燃烧的蜡烛在屋子里走动，你会发现，蜡烛的火苗会向后倾斜。如果将燃烧的蜡烛放在一个封闭的灯笼里，提着它在屋子里走动，火苗会向哪个方向倾斜呢？

如果将灯笼匀速围着自己旋转，里面的火苗又会向哪个方向倾斜呢？

有些人认为，放在封闭灯笼里的蜡烛火苗处于运动状态时，不会发生倾斜现象，这是完全错误的。通过一个简单的实验，你们就会发现，当用手遮挡着蜡烛移动时，火苗出人意料地会向前倾斜，而不是向后。之所以火苗向前倾斜，是由于火苗的密度小于它周围的空气。而同样大小的力，施加在质量较小的物体时，该物体获得的运动速度要大一些，施加在质量较大的物体时，该物体所获得的运动速度要小一些。火苗的密度小于它周围的空气，因此火苗的运动速度要大于它周围空气的运动速度，所以火苗向前倾斜。

火苗密度小于它周围的空气，这个原理同样可以解释另一个令人费解的现象，即当我们提着灯笼旋转时，火苗并没有像我们想象的那样向外倾斜，而是向内倾斜。我们举另外一个例子，也许你们就会明白了：当把水银和水放在一个球状体，并将球状体放入离心机让其旋转时，你会发现，与水相比，水银离旋转中心更远；如果将远离旋转中心的方向看做是下方的话，那么水相当于在水银的上方，即漂浮在水银的上面了。同理，因为密度小于周围空气，火苗比周围空气要轻，因此在旋转灯笼时，正像水漂在水银上一样，蜡烛火苗会“漂浮”在空气上面，所以会向里倾斜。

下垂的绳子

用多大力量抻拉绳子，才可以使绳子不下垂呢？

无论你用多大的力气，也不可能使绳子不下垂，因为使绳子下垂的重力方向是垂直向下的，但我们拉动绳子的方向并不是垂直的。同时，这两种力在任何条件下都不能完全相等，即二者合力不可能为零，而绳子下垂与否，正是由二者的合力决定的。

无论怎样努力去抻拉绳子，哪怕使用再大的力气都不可能直线拉动绳子。绳子下垂是不可避免的，我们只能尽力减少下垂的幅度。

同样道理，人们也根本无法将吊床的绳子拉成水平状态。当人们躺在其他类型的床上时，床下的铁丝网会把床绷得很紧，躺在床上的人很难将其压弯。但躺在拉力较弱的吊床时，情形便大不相同，吊床仿佛变成了一个松软的大麻袋。

瓶子往哪儿扔？

在行驶的列车车厢里往外扔瓶子。请问，往哪个方向扔瓶子能使瓶子落地时摔碎的可能性最小？

当人从行驶的列车车厢里向外跳跃时，顺着火车运动的方向向前跳是最安全的，因此一些人认为，顺着列车运动的方向向前扔瓶子，会使它落地时摔碎的可能性最小。实际上，这并不正确。我们应该逆着列车前进的方向，即向后扔瓶子。原因是我们投掷瓶子时带给瓶子的运动速度会与瓶子的惯性速度相互抵消，这样瓶子会以较小的速度着地。反之，如果我们顺着列车前进方向向前扔瓶子，情况恰恰相反，这两个速度会叠加，因此，瓶子着地时产生的撞击会更加剧烈。

而当人从行驶的列车车厢里向外跳时，顺着行车方向向前跳是最安全的，这是因为人在向前跳跃时摔伤的可能性小于向后跳跃。

瓶　塞

往盛满水的瓶子里扔一个塞子。塞子很小，可以穿过瓶颈落入更深的地方。但是，无论你怎样倾斜或翻倒瓶子，流出的水都不会将塞子冲出去。而当瓶子里的水几乎倒净时，随着最后一点儿水，塞子才从瓶口掉出来。这是为什么呢？

水没有将小塞子冲出来的原因其实很简单：瓶塞比水轻，因此它总是浮在水的表面。而只有当瓶子里的水快要流干时，塞子才会滑落到瓶口处，最后掉出来。

春汛期的河水

在春汛期间，河水表面会发生凸起现象——即中心水面会高于河岸附近的水面。这时，向河中撒落一些木块，这些木块会漂向河的两岸，而中心水面仍然呈凸起状。在枯水期，情况恰恰相反，河水水面呈凹形——中心水面低于河岸附近的水面，这时河面的木块向河面中心聚拢。

这些现象该如何解释呢？为什么在春汛时水面呈凸形，枯水期水面呈凹形？

原因如下：由于靠近两岸的河水与河岸发生摩擦后速度减慢，这样河流中部的水流就比靠近两岸的水流流得快。在春汛期间，不断有来自上游的河水流入，水量增加，又因为河流中部的水流原本就比靠近两岸的水流流得快，所以河流中间的河水增加得也更快。因此，一旦河流中间出现更多河水时，那么这一部分河水就会鼓起来。而在枯水期时，河中水量较少，同样因为河流中间的河水流动较快，致使中间的河水流走的水量大于靠近河岸部分流走的水量，因此，河水水面呈凹形。

液体施压——向上！

哪怕是没有学过物理的人都知道，容器中的水既能给容器底部施加向下的压力，又能向四周给容器壁施加压力。但是很多人并不了解，其实水还会向上施加压力。我们可以用普通的玻璃灯管来证明这一点。从厚实的硬纸板上剪下一块圆纸片，圆纸片的大小能堵住灯管口。将纸片堵在灯管下端，并将它们浸入水中。为了在浸入水中时不使纸片滑落，可以用线穿过圆纸片的中心来固定纸片，或者直接用手按住纸片。将灯管浸入水中到达一定深度后，松开固定纸片的线或松开按住纸片的手，你会发现圆纸片仍然稳稳地贴在灯管下端——纸片被由水施加的自下而上的压力支撑着。

（图 60）

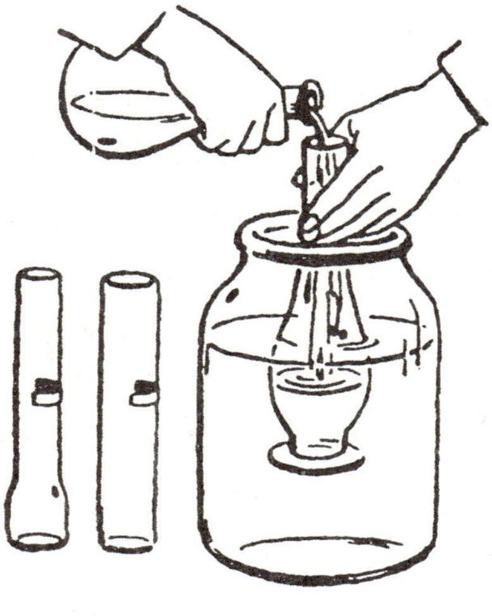

（图 61）

你甚至还可以测量出这种向上压力的大小。小心地向灯管里注水，当灯管中的水位接近容器内的水位时，圆纸片就会从灯管底部滑落下去。这意味着圆纸片下面的水带来的向上压力与圆纸片上方水带来的向下压力平衡了，且灯管内部水位与容器内水位持平。这就是“浸入液体的一切物体要受到来自液体的压力”的定律，该定律由阿基米得提出。此外，阿基米得还告诉我们一条重要的定律：“浸入液体中的物体会‘失重’。”

如果你手头有形状不同但管口大小相同的玻璃灯管，我们可以用它来验证另一条关于液体的定律，即液体施加给容器底部的压力大小只取决于水位的高低，与容器形状无关。将不同形状的玻璃灯管浸入水中，并且使不同灯管浸入水中的深度相同（这里需要预先在玻璃灯管的相同高度上粘个小纸条）。你会发现，在每次实验中，当圆纸片滑落时，每个灯管内的水位都处于同样高度（如图 61）。这就意味着，不同形状的灯管，只要底面积相同，管内水的高度也相同，那么管内水柱的压力也是相同的。

哪个桶更重？

在天平的一个托盘上放着一个装满水的桶，在另一个托盘上也放着一个和它一模一样的装满水的桶，只不过在第二个桶的水面漂浮着一个小木块，请问哪个桶更重？

我曾经给许多人出过这道题，但是得到的答案却不尽相同。一些人认为，放有小木块的水桶更重，因为“除了水之外，这个桶里还多了一个木块”。另一些人则认为第一个桶更重，因为“水比木头重”。

实际上，这两种说法都不正确，正确的答案是这两个桶一样重。由于在第二个桶里放入木块时，木块会从桶里挤出一定体积的水，致使第二个桶里的水比第一个少。但是，根据浮力定律，物体浸在液体里从而溢出液体的重量正好等于整个物体的重量。这就是天平上两个水桶会一样重的原因。

请看下面这个问题。在天平的一个托盘上放上一个装有水的杯子，在杯子边再放上一个砝码。接下来，在另一个托盘里放入等重的砝码使天平处于平衡状态，这时将杯子旁的砝码放到装有水的杯子里，请问这时的天平会处于什么状态？

根据阿基米得定律，这时杯子中的砝码要比在杯子外边时轻。也许你们会认为，装有水杯的天平托盘会抬高。而事实上，天平仍然处于平衡状态，这又该如何解释呢？

因为水中的砝码会挤压出一部分水，致使杯子里的水平面上升，高于原来的水面高度，随之而来的是杯子底部所受到的压力增加了，而增加的这一部分压力正好等于将砝码从杯外移到杯内所损失的重量。

筛子里的水

用筛子盛水这种奇事不仅发生在童话里，通过学习物理知识，我们完全可以在现实中完成这看似不可能完成的任务。找一个直径为15厘米的铁筛网，筛眼不要太小(1毫米左右)，接下来将筛网浸入融化的石蜡中。然后，将筛网从石蜡中取出。此时筛网上面覆盖着薄薄的一层石蜡，但是几乎看不出来。

筛子毕竟是筛子——上面仍然布满了可以轻松穿过大头针的筛眼。但现在，你可以直接拿它来盛水了。在这样的筛网中，可以盛很厚的一层水，根本不必担心水会从筛眼漏下去。唯一需要注意的是，向里面倒水时要小心，尽量避免装有水的筛网受到磕碰。也就是说，避免筛网表面的石蜡膜被破坏掉。

为什么筛网里的水不会漏下来呢？这是因为水没有浸湿石蜡，并且在每个筛眼上形成一层向下凸起的石蜡薄膜，薄膜挡着水，防止水从筛眼漏下去(如图62)。

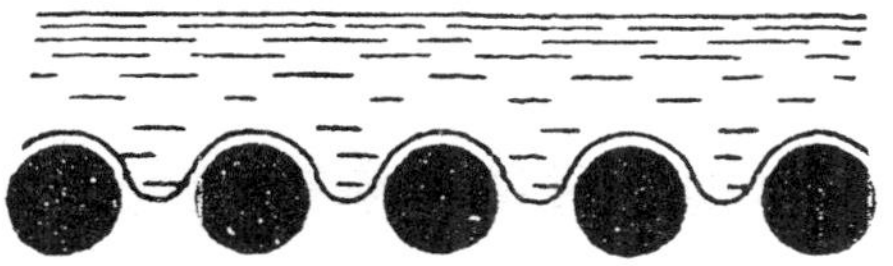

(图62)

除此之外，涂了石蜡的筛网还可以放在水里，漂在水面上。这就是说，既可以用这样的筛网盛水，也可以把它作为漂在水上的工具。

还可以用这个原理来解释一系列日常生活中我们熟悉的现象。比如我们给油桶和小船涂上树脂，给塞子和轴套抹上润滑油，给物体刷油漆等等，我们用这种给物体涂上一层含油物质的办法，来使物体更加密实、防水，这不正是与我们所制作的涂了石蜡的筛网具有同样的道理吗。这一切现象的本质都是一样，只不过这种本质在我们的筛网实验中以一种直观的形式展现出来了。

吹肥皂泡

你会吹肥皂泡吗？我原以为吹肥皂泡不是一件难事，但后来才知道，吹出又大又美的肥皂泡的确是一门学问，需要反复练习才行。

但是有必要花费大量心血去钻研吹肥皂泡这种看似毫无意义的小事吗?

在日常生活中,肥皂泡并不是什么特别重要的东西,至少在人们的交谈中,没有人把它作为一个重要的话题。但是,物理学家却不这么认为。伟大的英国科学家开尔文曾经这样写道:"吹一个肥皂泡并仔细观察它,这个实验看似简单,却值得你倾注毕生的精力去研究它,因为你可以由此发现一些有趣的物理现象。"

实际上,纤薄的肥皂泡表面那神奇的颜色变化可以使物理学家测量出光波的波长,检验肥皂泡的张力可以帮助我们掌握分子力作用的定律,即内聚力。要知道,如果缺少这种内聚力,那么在我们这个世界上除了极细微的灰尘,什么都将不复存在。

下面介绍的几个小实验并不是要探讨这些重大的科学问题,而是一些吹肥皂泡的技巧,我们姑且称其为趣味游戏吧。英国著名物理学家波伊斯在自己的著作《肥皂泡》里详细地介绍过各式各样吹肥皂泡的方法。我们在这里只介绍几个最简单的方法。

我们可以用普通的肥皂液来吹肥皂泡。当然对于那些怀有极大兴趣的人,我推荐使用由橄榄油或杏仁油制作的肥皂,因为这两种肥皂最适合吹出又大又好看的肥皂泡。把一小块肥皂放在干净的冷水里直至肥皂融化。最好使用干净的雨水或雪水,如果没有,也可以用白开水。如果想让肥皂泡保持得更长久,建议你在肥皂水里添加$\frac{1}{3}$的甘油(按容积计算)。

用小匙将肥皂液表面的泡沫撇掉,接着将一根细管放到肥皂液里,细管的管口处预先抹上一点肥皂。也可以将10厘米长的细麦秆一端劈成十字形,用它进行实验也会取得很好的效果。

我们这样来吹肥皂泡:将细管竖着浸到肥皂液里,并使管口覆盖一层肥皂液。由于肥皂泡内部充满了我们从肺部呼出的暖空气,这种气体要比房间内的空气轻,因此这时吹出的肥皂泡会向上升。

假如我们吹出直径为10厘米的肥皂泡,这说明我们配制的肥皂液就可以使用了;如果肥皂液浓度不够,还需要在溶液里再加一些肥皂,直到吹出直径为10厘米的肥皂泡为止。这还不够。在吹出肥皂泡之后,还要用手指蘸一些肥皂液,并试着将手指插进肥皂泡:假如肥皂泡没有破裂,就可以进行下面的实验了;假如肥皂泡破裂,还得继续向溶液中加一些肥皂。

进行这种实验需要细心,还要耐心。房间里的光线要明亮一些,否则,肥皂泡上就不会现出绚丽的彩虹了。

下面介绍几个吹肥皂泡的小技巧。

泡中花。

向盘子或是托盘中倒入 2—3 毫米厚的一层肥皂溶液，同时在盘子或托盘中心放一朵花或是一只小花瓶，并用一只玻璃漏斗将其罩起来。然后，慢慢地将玻璃漏斗抬起，并用一根小细管往里面吹气，这样就吹出了一个肥皂泡。而当肥皂泡足够大时，像图 63 那样倾斜漏斗，使肥皂泡从漏斗下面脱离出来。于是，花朵或小花瓶就被置于色彩斑斓的肥皂泡罩子里了。

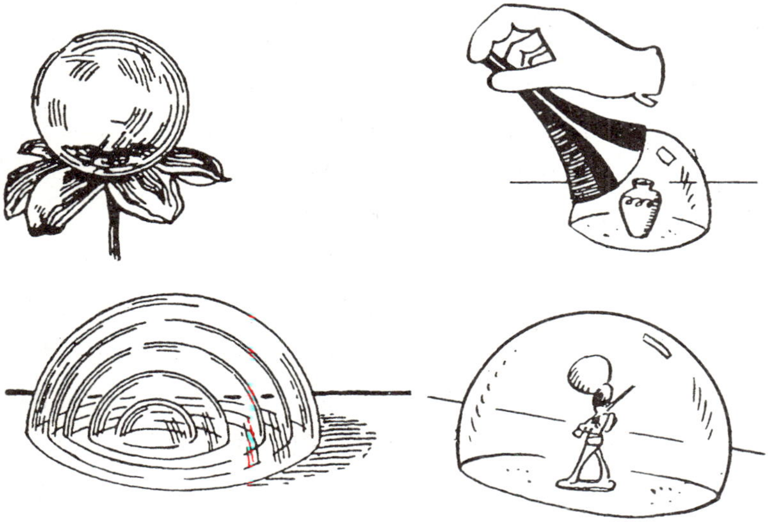

（图 63）

此外，我们还可以用小石膏雕像来替代花或者花瓶来进行这项实验。需要注意的是，应该事先在小雕像的头部滴一些肥皂溶液。这样，当吹出一个大肥皂泡之后，将小细管插入大肥皂泡，再在雕像头顶吹出一个小肥皂泡。

泡中泡。

用上一个实验中使用过的漏斗吹出一个大肥皂泡。接下来，将小细管整个浸到肥皂液里，使小细管除了放在嘴里的部分外，其余部分都蘸上肥皂液，将小细管小心翼翼地插进大肥皂泡里面，一直插到其中心，然后，再缓慢地将小细管往回收，收到第一个大肥皂泡的边上（不能抽到泡外），再吹一个肥皂泡，用同样方法吹出第三个，第四个……

（图 64）

圆柱形肥皂泡(如图 64)。

首先,找两个铁圈,在其中一个铁圈下面吹一个肥皂泡,然后,再将另一个蘸过肥皂溶液的铁圈从上面放在肥皂泡上,接着缓慢抬起铁圈,拉长肥皂泡,直到形成一个圆柱体为止。有趣的是,当你将上面的铁圈抬到比铁圈本身周长还要高的高度时,圆柱体的其中一半会收缩起来,另一半则会扩大,最后分解成两个肥皂泡。

肥皂泡的泡膜总是处于张力控制之下,并向泡里面的空气施加压力;当把吹肥皂泡的小管管口靠近蜡烛火苗时,你会发现,肥皂泡膜虽然纤薄,但是力量不小:因为蜡烛火苗在它的吹动下偏向一侧(如图 64)。

把肥皂泡从暖和房间移到阴冷房间会发生怎样的变化呢?这也是一件非常有趣的事情。从暖和房间移到阴冷房间,肥皂泡的体积明显缩小,从阴冷房间回到暖和房间,肥皂泡的体积又明显变大。原因当然在于肥皂泡内部空气的热胀冷缩原理。假如在－15℃的寒冷条件下,肥皂泡的体积为 1 000 立方厘米,将这个肥皂泡移到 15℃的房间里,此时肥皂泡的体积大约增加 110 立方厘米:

$$1\,000 \times 30 \times \frac{1}{273} \approx 110 \text{ 立方厘米}$$

需要指出的是,人们总是以为肥皂泡的寿命非常短暂,实际上并非如此:如果采取适当措施,肥皂泡可保存几十天!英国物理学家杜瓦(因在空气液化研究中成绩斐然而闻名于世)将肥皂泡保存在一个特殊的瓶子里,瓶子与灰尘隔绝,这样能避免干燥及空气带来的振动。在这种条件下,他可以将肥皂泡保存一个月甚至更久。美国人劳伦斯将肥皂泡存放在玻璃罩里,保存了很多年。

改良的漏斗

当你用漏斗向瓶子里倒入某种液体时,你总是不时地将漏斗往上抬一抬,否则漏斗里的液体就不会顺畅地往下流。由于瓶子里的空气没有向外排的出口，因此空气向漏斗里的液体施加压力，阻挡其流进瓶子。没错，刚开始确实有一些液体会流下去，那是因为瓶子里的空气受到了液体的压力，体积会有一些缩小。但是空气在自己的体积被压缩时，压力会陡然增大，这时空气的压力能够与漏斗中液体的压力持平。很显然，抬起漏斗后，我们就可以将压缩在里面的空气释放出来，这时漏斗里的液体就又可以重新流进瓶子里了。

所以，正确的方法是将漏斗收口部分的外侧做成纵向的脊形，这样，在漏斗插进瓶口时，仍然留有足够的缝隙。不过，我还没有看到谁用过这样的漏斗，但在实验室里，研究人员广泛使用类似这种结构的过滤器。

倒置杯子中的水有多重?

看到这个问题时，你一定会说："当然一点重量也没有了，因为杯子倒置后，水都洒掉了。"

"那要是水没有洒掉呢?"

实际上，阻止水从倒置的杯子里洒出来是完全可能的。如图65所示，将一只高脚杯倒置过来，其底部系在天平一端的托盘上，接下来，将杯子浸到一个盛着水的容器里，使高脚杯内盛满水。由于高脚杯的杯口全部浸在水里，所以高脚杯里的水不会流出来。在另一个托盘上系一个相同大小的空的高脚杯。

请问，天平的哪一端更重?

（图65）

倒置且装有水的高脚杯那一端更重。因为，这个高脚杯受到来自上方的大气压力，同时也受到来自下方的大气压力，但是来自下方的大气压力被杯子中水的重量给削弱了。因此，要想保持天平两端平衡，就必须在另一端的高脚杯中也倒满水。显然，向第二个杯子里需要倒的水的重量就是倒置的高脚杯里水的重量了。

房间里的空气有多重？

你能大概说出一个不大的房间里空气有多重吗？几克或是几千克？你能轻松地用一只手指托起这些空气，还是需要费很大的力气才能将它们抓在手里？

似乎所有人都知道，空气并不是一点重量都没有。然而要想让人们具体说出空气的重量，很多人恐怕说不出来。

请记住：夏天时，1升杯子所装的靠近地表（不是处于山区）的空气重量为 $1\frac{1}{5}$ 克。又因为1立方米等于1 000升，因此，每立方米空气的重量是 $1\frac{1}{5}$ 克的1 000倍，即 $1\frac{1}{5}$ 千克。

现在，我们不难算出房间里的空气重量。首先，我们需要知道房间的体积。假如房间的面积为15平方米，高度为3米，则房间内空气的体积就有 $15\times3=45$ 立方米。房间内空气的重量为：45千克再加上 $45\times\frac{1}{5}=9$ 千克，即54千克。仅凭一根手指根本无法举起这样的重量，即便用肩膀去扛也会让你倍感吃力。

不听话的瓶塞

下面的实验将直观地展示空气被压缩后所具有的惊人压力。

实验前需要准备一个普通的玻璃瓶，再找一个比这个玻璃瓶瓶口小一些的瓶塞。

将玻璃瓶水平地拿在手里，然后将瓶塞放到玻璃瓶的瓶颈处，再让某个人朝瓶口吹气，将瓶塞往瓶底吹。

看上去这事很简单。但是，当你用尽力气吹瓶塞时，会对眼前出人意料的景象大吃一惊：瓶塞不但没有吹到里面，反而从里面飞出来打到你自己的脸上！

吹的力量越大，瓶塞飞出来的速度就越快！

为了让瓶塞深入到玻璃瓶内部，你需要做的恰恰与刚才相反：不再往瓶里吹气，而是从瓶口向外吸气。

这种奇特现象的原因是：当你向瓶颈处的瓶塞吹气时，你会将瓶塞与瓶颈壁之间的空气吹到玻璃瓶底部，这会使玻璃瓶内的空气气压增大，因此瓶塞被瓶内的空气压力顶出瓶外。而当你往外吸气时，情况正好相反，这会使玻璃瓶内部空气变得更加稀薄，因此瓶塞就被外部的空气压力压进了玻璃瓶内部。注意，只有当瓶颈内部十分干燥时，实验才会顺利进行。否则，瓶塞会与瓶壁发生摩擦，并卡在那里动弹不得。

气球的命运

假如我们撒开手里的气球，气球就会飞走。你们知道这些气球会往哪儿飞吗？它们能飞多高？

被放飞的气球不会飞到大气层的最顶端，只能飞到一定高度。在这个高度上由于空气极其稀薄，气球的重量恰好等于被它排出的空气的重量。但是，气球并不是总能达到这样的高度，因为气球在上升过程中，自身会发生膨胀（因为气球外部的空气压力越来越弱）。因此，在气球内部空气不断向外膨胀的情况下，在达到最大高度之前，气球很可能就已经胀爆了。

汽车轮胎

当汽车向右转弯时，轮胎内的空气会向什么方向运动？与汽车转动方向相同还是相反？

由于轮胎内部的空气被压缩，所以里面的空气既会向前运动也会向后运动。

为什么铁轨之间留有间隙？

在铁轨结合处总是留有间隙，这是人们有意而为之的结果。假如没有间隙，铁路的使用寿命就会很短。这是因为物体受热后膨胀。在炎热的夏季，在太阳的炙烤下，铁轨会变长。假如不给铁轨预留出一块供它伸长的区域，铁轨之间就会剧烈顶撞，造成铁轨扭曲变形，并使铁路的道钉被连根拔起，整条铁路将被毁掉！

铁轨之间的间隙大小通常也会考虑到冬天的情况。冬季，铁轨遇冷收缩，因此铁轨会变短，这样，间隙便扩大了。因此，在设计铁轨的间隙时，要充分考虑当地的气候条件。

茶杯与饮料杯

你们在生活中可能会发现，专门用来喝饮料的杯子，其杯底总是很厚。这样的杯子放着更稳，不容易翻倒。但为什么这样的杯子不宜当茶杯呢？

这是因为饮料杯子的杯壁在接触滚烫的热水时会受热膨胀，而且膨胀程度大于厚实的杯底。在这种情况下，杯子极易炸裂，因而这类杯子不宜用来喝茶。杯子越薄、杯底与杯壁厚度的差距越小，杯子受热越均匀，越不容易炸裂。

茶壶盖上的小孔

茶壶盖上一般都留有一个小孔，这样的小孔是做什么用的呢？小孔是为水蒸气提供出口的，否则的话，水蒸气会将茶壶盖顶翻。茶壶盖在受热时会出现膨胀现象。这时，小孔会有什么变化呢？它是变大还是变小了呢？

当茶壶盖受热时，上面的小孔会变大。一般来说，在受热时小孔体积扩大的程度与小孔周围材料的扩大程度完全相同。同理，容器在受热时，其体积并不像有些人认为的那样会缩小，而是会增大。

烟

为什么烟囱里冒出的烟在无风的天气里会向上升？

这是因为吹动烟的空气是热空气，空气受热后体积膨胀，热空气比烟囱周围的空气更轻薄。当吹动烟的空气变冷时，烟就会向下落。

耐 火 纸 条

我们可以做这样一个实验：将一个纸条放在蜡烛火苗中，纸条却不会被点燃。

首先，准备一根铁条，并在上面紧紧缠绕一圈像铁丝那么窄的纸条。假如将这根铁条放在蜡烛火苗中，上面的纸条并不会被点燃。火苗会燎到纸条上，将它熏黑，但并没有将它烧掉，直到铁条被烧得通红。

为什么纸条没有被点燃呢？这是因为，铁与所有金属一样具有很好的导热性：它迅速地把火苗散发的热量从纸条那儿抢夺过来，使得纸条虽然被火苗追近，但却没有被点燃。假如将铁条换成木条，由于木头导热性较差，所以缠在木条上的纸条肯定会被点燃。

冬季如何堵窗户缝?

冬季，窗户缝堵得密实可以使房间更暖和。但为了将窗户缝堵得更好，我们得先了解，为什么第二层窗户更有利于房间保暖？

许多人认为，在冬季，双层窗户更保暖是因为两层窗户比一层窗户好。这并不完全正确。实际上，这与多一层窗户并无太大关系，而是与两层窗户之间的空气有关。

由于空气导热性能不强，所以将空气密闭在两层窗户之间，这样空气就无法逃窜，也不会耗费热量，这时房间就不冷了。

为此，两层窗户之间的空气必须严密地封闭起来。有人认为，在堵窗户缝时，应当在外层窗户的上面留一道缝隙。这是完全错误的做法。如果这样，两层窗户之间的空气就会被窗外的冷空气挤走，房间会因此变得很冷。相反，我们应当把两层窗户的缝隙尽量都严密地封起来，哪怕再小的缝隙也不放过。用厚实的纸条来代替腻子，也会取得很好的效果。

为什么关上的窗户还会透风?

在寒冷的天气里，封得严严实实的窗户在关闭时仍然会透风，这让我们感到莫名其妙。其实这没有什么可奇怪的。

由于热胀冷缩的原因，房间里的气流始终处于运动状态，只不过我们的肉眼难以看到罢了。空气受热时会变得稀薄，空气随之变轻；空气受冷时，情况恰恰相反，空气会变得更加密实，也更重。电灯或暖炉附近的空气由于受热会变得更轻薄，而窗户或墙壁附近的空气受冷后，重量增大，沉向地面，因此，暖空气被冷空气挤向天花板附近。

我们可以用氢气球来验证房间内这种空气流动现象。为了不让气球顶在天花板上，可以在气球下面拴一个不太大的物体。假如你在温暖的炉子旁边放开气球，气球会在肉眼无法看到的气流推动下，在房间里运动。先是沿着天花板从炉子边飞到窗边，在那里下落到地上，接着又返回到炉子边，继续重复这样的运动。

这就是为什么在冬天，即使窗户封得严严实实，我们还是能感觉到从窗边，特别是从地面上透风的真正原因。

怎样用冰来冷冻物品?

当你想用冰块冷冻饮料时，你是将装有饮料的罐子放在冰的上面还是放在冰的下面?

许多人会毫不犹豫地选择放在冰的上面，就像把汤锅放在火上面一样。这种做法并不合适。从下面加热没有问题，但是在冷冻物品时，应当自上而下。

为什么冰块放在物品上面冷冻效果更好呢？我们已经知道，冰冷的物体比热的物体更密实。因此，冰凉的饮料比常温饮料更密实。当你将冰块置于装有饮料罐子的上面时，最上面的那层饮料（紧靠冰块）被冷冻后，变得更重，从而下沉，而另一些未被冷冻的饮料会补到它们的位置上。当这些饮料也被冷冻之后，同样也会沉下去。在很短的时间内，整个罐子里的饮料全都靠近过冰块，因而整罐饮料都变得冰爽无比。而当你把罐子放在冰的上面时，情形便完全不同。这时，最先被冷冻的是最下面一层的饮料；这层饮料由于受冷就变得更加密实，并继续待在容器的底部，其余未被冷冻的饮料就无法到达底部了。在这一过程中，由于饮料内部没有发生任何的位置交换，因而饮料冷冻得非常缓慢。

并不是只有饮料适合于从上面进行冷冻，肉类、鱼类、蔬菜都适合采取这种方法冷冻。

水蒸气的颜色

你见过水蒸气吗？你能说出水蒸气的颜色吗?

准确地讲，水蒸气是无色透明的。与空气一样，水蒸气也是看不见的。那些白色的雾，俗名叫“蒸汽”，是由无数极小的水滴堆积起来形成的。这其实是雾状的水，而不是蒸汽。

水壶为什么会“唱歌”？

水壶里的水在沸腾前，水壶会“唱歌”，这是为什么呢？

靠近壶嘴的水源源不断地变成水蒸气，这些蒸汽在水里形成一些小气泡。由于这些小气泡比水轻，因此它们就被周围的水挤到水面上。一会儿它们又落入不足100℃的水里。气泡里的蒸汽遇冷收缩，气泡的薄壁在周围水的挤压下紧密收缩。这样，在水开始沸腾前，小气泡变得越来越多。大量的小气泡向上升，并且在上升过程中，伴着轻微的破裂声，不断地聚拢在一起。因此，无数小气泡破裂所发出的声音，就汇聚成了水沸腾前我们所听到的“合唱”。

当水壶里的水达到沸点时，小气泡停止靠拢，并从水底上升到水面，这时“歌声”停止。然而，当水壶刚一开始变凉，“歌声”便又飘荡起来。

神秘的转盘

首先，用纸剪下一个长方形。然后，沿着长方形的中线将纸对折，再将它展开，这时你会找到长方形的重心。接着，将长方形固定在竖起的针尖上，使针尖恰好钉在长方形的重心上。

长方形纸在重心处被针顶了起来，这时，长方形纸恰好处于平衡状态。只要轻轻地一吹，纸转盘就会绕着针尖旋转起来。

这还不是纸转盘最神奇的地方，最神奇的地方在后面。当你像图 66 那样，小心

（图 66）

翼翼地把自己的手靠近纸转盘时，你会惊奇地发现，长方形纸片也能旋转，开始转得很慢，后来越转越快。当你把手拿开时，它就会立刻停止旋转，如果你再把手靠近它，它就又开始转了起来。

以前，很多人把上述奇怪的现象归结为物体获得了某种超自然的力量。一些神学家甚至认为，可以用人体所具有的神秘力量来解释这类实验。其实，这个实验的原理非常简单。在实验过程中，你的手会使空气受热，空气受热后就会向上升，上升的空气会给长方形纸施加压力，因此，它就旋转起来了。

通过仔细观察，你又会发现，这个纸转盘总是沿着固定的方向旋转——从腕部开始，顺着手掌转到手指。这是因为，我们手的这三个部位所具有的温度不同，手指尖通常比手掌温度要低一些；因此，手掌处会形成较强的上升气流，而这种气流相比手指引起的气流，对纸片的带动要更强烈一些。

毛皮大衣保暖吗？

假如我对你说，毛皮大衣不保暖，你会有什么反应？你一定会认为我在开玩笑。但是假如我能用实验证明自己的说法呢？

先看一下温度表上的温度，然后将温度表放进毛皮大衣。几个小时之后，将温度表取出。你会发现，温度表的温度并没有升高，之前多少度，现在还是多少度。这说明，毛皮大衣其实并不保暖。非但不保暖，毛皮大衣还可能给物体降温。准备两个冰袋，一个冰袋放进毛皮大衣里，另一个放在屋子里，而且上面不覆盖任何东西。当放在屋子里的冰袋开始融化时，将毛皮大衣打开，你会发现，毛皮大衣里的冰袋并未开始融化。这说明，毛皮大衣不仅没有使冰融化，反而保持了较低温度，减缓了冰的融化速度。

如果说“保暖”一词代表着传递热量，那么毛皮大衣的确不会传递热量。灯可以传递热量，火炉可以传递热量，人的身体也可以传递热量，这是因为这些物体都是热源。从这个角度来说，毛皮大衣不会将自身的热量传递出去，而只是阻碍热量从我们体内逃走。这就是为什么人们穿毛皮大衣比不穿毛皮大衣更暖和的原因所在。温度表本身不会产生热量，因此当我们将温度表放在毛皮大衣里时，温度表的温度并不能改变。而放在毛皮大衣里的冰袋之所以能长时间保持低温，是因为毛皮大衣导热性不好，因而延缓了外部空气中热量接近冰袋的速度。

同样道理，雪可以为土地保暖。雪以及其他类似的导热性差的粉末状物体，可以阻止被其覆盖的土地热量的流失。当用温度计测量被雪覆盖的土地温度时，温度计显示，被雪覆盖的土地温度比裸露的土地温度高 10℃。这种用雪保持土地温度的方法农民们早已熟知。

因此，“毛皮大衣是否保暖？”这个问题应当这样来回答：“毛皮大衣只是帮助我们自己给自己取暖。”或者是：“不是毛皮大衣温暖了我们，而是我们温暖了毛皮大衣。”

冬季如何给房间通风？

冬季生炉子时将通风窗打开是给房间通风的最佳方式。这时，寒冷清新的空气会将屋内温暖轻薄的空气挤压到炉子那边，这些温暖轻薄的空气会顺着炉子的烟囱流到室外。

千万不要以为，关着窗户，外面清新的冷空气也能透过墙缝进到房间里，也能达到通风目的。外面的冷空气的确可以透过墙缝渗透到房间里，但是数量很少，不足以维持炉火的燃烧。此外，这样的冷空气既不干净也不新鲜。

气窗应当开在哪里？

气窗应当开在哪里？是开在窗户上边还是窗户下边？在一些住宅里，气窗开在窗户下边。这种做法的方便之处在于，我们不需要站在凳子上来开窗和关窗。但是这种气窗起不到通风换气的作用。为什么要通过气窗来通风换气呢？这是因为，室外空气比室内空气更冷，因而会比室内空气更重，这样，室外空气就将室内空气挤压出去。如果气窗开在下边，室外空气盘踞在窗的下部，而房间里高于气窗的那部分空气就无法参与空气交换了，因此，气窗开在下边并不科学。

玻璃灯罩的作用是什么？

很少有人知道，玻璃灯罩在变成现在这个样子之前，经历了很长时间的变化。在几千年漫长的历史中，人们一直用火来照明，火外边没有罩上任何器皿。达·芬奇展现自己超凡的才能，对灯进行了革命性改变。达·芬奇虽然没有用玻璃罩将火罩起来，但是他用金属桶围住了火焰。300年后，人们开始想到用透明玻璃罩来代替金属桶。因此，在经历了人们不断探索和完善后，玻璃灯罩才变成了今天我们所看到的样子。

玻璃灯罩有什么作用呢？并不是所有的人都能正确地回答出这个看似简单的问题。防风并不是玻璃灯罩最主要的作用。玻璃灯罩最主要的作用是提升火焰亮度，加快燃烧过程。从这个角度来看，玻璃灯罩与炉子和烟囱具有相同的作用，它会增强空气向火焰的吹动，即增强“通风”。

下面，我们来深入了解一下这个原理。灯火使玻璃灯罩内的空气变热，使灯罩内的空气变热比使灯周围的空气变热要快得多。由于空气受热后会变轻，因此热空气被冷空气往上挤。这样就形成了一种自下而上不断流动的气流——这种气流不断带走燃烧产生的废弃物并且带来新鲜的空气。灯罩越高，热空气与冷空气的重量差距就越大，流进来的新鲜空气就越有活力，因此，火焰燃烧得就更快。这也是为什么工厂的烟囱一般都建得很高的原因。

火为什么不能自己熄灭？

如果仔细回忆火的燃烧过程，你会产生这样的疑问：为什么火不能自己熄灭？燃烧产生二氧化碳和水蒸气，这些都是非燃烧物质，不能助燃。这就是说，火在刚开始燃烧时就被非燃烧物质包围，这些物质阻止了空气的进入。而没有了空气，燃烧就无法继续，火应当熄灭。

但是火为什么没有熄灭呢？为什么在燃料没有耗尽之前，火一直在燃烧呢？这是因为气体受热膨胀，因而变得更轻。因此，烧热了的物品无法继续留在当初靠近火焰的地方，而是被新鲜空气挤到上方。假如阿基米德定律不适用于气体（或者说如果没有重力），那么所有的火焰在燃烧一段时间后会自己熄灭。

燃烧产生的物质对于火焰来说，其影响是巨大的，这一点毋庸置疑。要排除非燃烧物质的干扰，才能将火吹灭。回想一下，你们是怎样吹灭煤油灯里的火苗的？你们一定是从上面吹，其实就是将燃烧产生的非燃烧物质往下赶，直至赶到火苗那里。火苗无法自由地获得所需空气，因而很快便熄灭了。

为什么水能把火扑灭?

这个问题虽然不难,但也不是所有的人都能够给出正确答案。

下面我将简短地解释一下水与火的关系,但愿读者朋友不要抱怨我是小题大做。

第一,水在接触很热的物体时会变成水蒸气,同时带走该物体身上很多热量,将沸水变成水蒸气所需热量是将等量冷水加热到 100℃所需热量的 5 倍多。

第二,在此情况下形成的水蒸气,其体积是产生这些蒸气的水的体积的 100 多倍;这些水蒸气将燃烧的物体团团围住,并将空气排挤开。没有了空气,火就不能继续燃烧了。

有的时候为了增强水的灭火性能,会在水里放一些火药! 这看似奇怪,却是一种合理的方法。火药会很快烧尽,同时释放出大量的非燃烧气体,这种气体也会阻碍燃烧的继续进行。

用冰加热与用沸水加热

能用一块冰给另一块冰加热吗? 能用一块冰给另一块冰进行冷却吗? 假如将温度为−20℃的冰块与温度为−5℃的冰块放在一起,那么第一块冰被加热(不再那么凉了),第二块冰被冷却。

所以,我们完全可以用冰来对物体进行加热或冷却。

但是我们却不能用沸水来给沸水(处于相同压力下)加热,因为处于固定的压力下,沸水的温度是相同的。

沸水能把水烧开吗?

准备一个小瓶,在瓶子里倒一些水,然后将瓶子放入坐在炉火上的装有清水的锅里。为了避免瓶子触到锅底,最好将瓶子悬挂在一个铁环上。当锅里的水开始沸腾时,你似乎感到,瓶子里的水也跟着沸腾了。然而,无论你等多久,也等不到这样的结果。瓶子里的水虽然非常热,但不会沸腾。因为锅里的沸水没有热到可以使瓶子里的水也沸腾的程度。

结果有些出人意料，其实也是意料之中。为了使水沸腾，100℃的水温是不够的，还需要进一步向它增加热量。

但是水在达到100℃时，在一般条件下，无论怎样对其继续加热，温度都无法上升。这就意味着，给瓶子里的水加热的热源最高不超过100℃，而瓶子里的水在这种条件下最高温度也只能是100℃。一旦温度达到平衡，锅里的沸水与瓶子里的水之间就不再有任何的热量传递。因此，当我们以这种形式给瓶子里的水加热时，并不能把它从水变成水蒸气（每1克100℃的水还需要500卡路里以上的热量才能变成水蒸气）。这就是瓶子里的水即使再加热也不能沸腾的真正原因。

你们也许会产生这样的疑问：瓶子里的水与锅里的水有什么不同呢？都是水嘛，只不过是隔了一层玻璃罢了。锅里的水可以沸腾，瓶子里的水为什么不能沸腾呢？

原因在于，玻璃挡住了瓶子里的水，使其不能与锅里的水汇合。锅里的水可以直接接触炙热的锅底，而瓶子里的水，其外环境只能是沸水。

因此，开水是无法让冷水沸腾的。但是，假如我们向锅里撒一把盐，情形就大不一样了。由于盐水的沸点略高于100℃，因此，在盐水环境中瓶子里的水可以沸腾。

雪可以使水沸腾吗？

（图67）

“连沸水都不能使水沸腾，就更别提雪了！”有的读者这样说道。先别急着下结论，最好先做一个实验，实验器具就是我们在上个实验中使用过的小瓶。

往小瓶里倒半瓶水，将其放入沸腾的盐水中。当小瓶里的水开始沸腾时，将小瓶从锅里捞出并迅速塞上瓶塞。现在，将瓶子颠倒过来，让瓶子里的水不再沸腾。往瓶子上浇一些沸水，瓶子里的水也不沸腾。但是，在瓶子底部放上一些雪或者浇一点冷水，你会发现，瓶子里的水又开始沸腾了（见图67）。

雪起到了沸水起不到的作用。

这真是太神奇了，小瓶摸上去并没有特别烫，只是有些温热。但是，你确实亲眼看到里面的水沸腾了。

原因在于，雪对瓶壁进行了冷却，因此瓶内的水蒸气就凝聚成了一些小水滴。又由于玻璃瓶里的水在沸腾时，瓶内的空气已被驱赶出去，因而现在玻璃瓶里的水所承受的压力就比之前小多了。大家知道，当液体所受压力减小时，液体的沸点就会降低。所以，即使瓶里的水是沸水，但是它并不是很烫。

如果小瓶的瓶壁很薄，那么瓶内突然聚集的大量水蒸气极有可能引起小瓶炸裂，原因是外部空气压力没有遇到来自瓶内足够的抵御压力，因而会将瓶子压碎。最好准备一个圆形的玻璃瓶（底部凸起的烧瓶更好），让空气压力施向拱形的底部。

（图68）

最安全的实验器具是装煤油或装食用油的铁罐。把铁罐里的水烧开，在罐口处塞紧塞子。将一些冷水浇在铁罐上。这时，你会看到，带有蒸汽的铁罐就被外部空气的压力压扁了，这是因为铁罐里的水蒸气受冷后变成了水。

铁罐被空气压力压扁，像挨了一记重拳似的（图68）。

手中的热鸡蛋

从沸水里捞出的鸡蛋为什么不烫手呢？

从沸水里捞出的鸡蛋很湿也很热。由于鸡蛋表面的水在蒸发时会使蛋壳冷却，因此触碰鸡蛋时手就不感觉烫了。但是这只是发生在鸡蛋壳上的水完全蒸发之前的短暂瞬间，一旦鸡蛋干透，再去用手摸，就明显感觉烫手了。

用熨斗清除油污

怎样用熨斗清除油污呢？

用熨斗清洗油污的原理是温度升高，液体表面拉力在降低。因此，如果油污处各个部分的温度不同，那么油污会从热的地方向冷的地方扩散。我们在沾有油污的衣物上放上烧热的熨斗，在衣物下面放一块棉布，这时油污就移到棉布上了。

登高望远能望多远?

当我们站在平地上往前看，只能看到一定距离。这种目光的可视界限我们称之为“地平线”。地平线以外的物体，如树木、房屋等，我们就无法看到其全貌，只能看到它们的上部，下部被地面上一些凸起的地方遮挡住。平坦的陆地和平静的海面对于我们来说是平的，但事实上它们也是凸起的，因为它们是地球弯曲表面的一部分。

中等身材的人站在平地上，能看见多远呢?

他只能看到大约 5 千米远的地方。想要看得更远，就要站得更高。骑在马上的骑兵可以看到 6 千米远的地方。而水手站在海面上 20 米高的桅杆上可以看到 16 千米的海面。站在距海面 60 米高的灯塔顶，差不多能看到 30 千米远的地方。

当然，飞行员能够看到比这远得多的陆地和海面。在晴朗的天气里，当飞机处于 1 千米的高度时，飞行员几乎能够看到 120 千米远的地方。2 千米高度时，能看到 160 千米。若是 10 千米高度，飞行员能看到的距离为 560 千米。

蟋蟀声从哪儿来?

找一个同伴，把他的眼睛蒙住，并让他安静地坐在房间的中央，不许转头。拿两枚硬币，分别在房间的不同地方敲击这两枚硬币，敲击地点应当距离同伴的两只耳朵大体相同，并让同伴猜你在哪儿敲的硬币。同伴常常无法说出正确答案，你从前面敲击，他却认为是在后面。

而当你站到同伴身体的一侧，情形就不一样了。这时，声音发出地点离同伴很近，同伴耳朵听到的声音会更大一些，这样同伴就能准确地判定出声音是从哪里来的了。

这个小实验向我们解释了这样一个现象：为什么我们总是听到蟋蟀声，却看不到蟋蟀。啾啾的蟋蟀声从你右侧两步远的地方传来，可是当你举目望去，却什么都没有看到。这时，蟋蟀声又从左边传来，你还没来得及转头，声音又跑到另一个地方去了。蟋蟀跳得如此麻利会把你搞得晕头转向。你头转得快，蟋蟀跳得也快。其实，蟋蟀一直安静地待在原地，你感觉的跳跃只是一种幻听罢了。之所以产生幻听，是因为当你转头时，你的两只耳朵恰好与蟋蟀处于相等距离。因此，在这种条件下(我们刚刚从上述实验中了解到的)很容易判断错误。当蟋蟀在我们前面发出啾啾的叫声时，我们会误认为声音来自后面。

这就意味着，当你要确定蟋蟀、喜鹊的叫声及其他远处的声音是从什么地方传来时，不要把头转向声音传来的方向，而是转向相反方向。

回　声

我们发出的声音在遇到墙壁或其他障碍物时会反射回来，重新回到我们的耳朵里，这就是回声。只有当原声与反射声间隔一段时间时，我们才能清楚地听到回声。否则，反射声会与原声混合在一起，只能使原声更大。在空旷的大房子里可以听到回声。

想象一下，你站在一个开阔地方，你前方 33 米处有一个小屋。你拍一下手，声音会传到 33 米外，遇到小屋墙壁后反射，向回传播。请问这个过程需要多长时间？因为声音的去与回都传播了 33 米，一共是 66 米，那么声音返回需要的时间为 66∶330，即 1/5 秒。这种声音的发出和回声，其过程如此之短，还没到 1/5 秒就停止了，即在回声到来之前。两个声音并不混杂，我们分开听到的。发出一个单音节的词我们大约用 1/5 秒的时间，因此单音节词的回声我们在距障碍物 33 米远时可以听到。然而同样的距离，如果是双音节的词，就会与原声混杂在一起，使原声增大并听不清楚，因此，我们不会单独地听见原声和回声。

为了清晰地听到双音节词的回声，需要在合适的距离安置一个障碍物，这个“合适的距离”是多远呢？发出一个双音节词需要持续 1/5 秒，在这段时间里，声音必须到达障碍物，如果还需返回，则是双倍的距离，用时应是 2/5 秒。在 2/5 秒声音传过的距离是 $330\times\frac{2}{5}\approx132$ 米。

这个距离的一半——66 米——即是双音节词产生回声的最小距离。

现在，你自己大概能够计算出，为了听到三音节词的回声，障碍物应当设在 100 米远的地方。

能奏乐的瓶子

如果你有乐感，你就不难用普通的瓶子制作出能够奏乐的乐器。

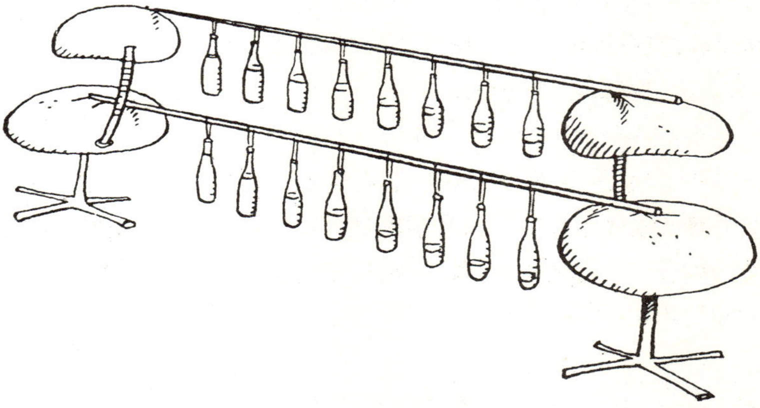

（图 69）

图 69 展示了具体做法。找 4 把椅子，再取两个横杆，两个横杆分别搭在两把椅子上，每个横杆上挂有 8 个装水的玻璃瓶。在第一个瓶子里装满水，接下来每个瓶子里的水都比前一个瓶子里的水要少，直到第 8 个瓶子，第 8 个瓶子水最少。

用一个干燥的小木棍敲击这些瓶子，瓶子就会发出高低不同的声音。瓶子里的水越少，瓶子发出的声音就越高。因此，通过往瓶子里添水或从瓶里倒出一些水，就能使这些音调组成音阶了。

当这些瓶子具有两个八度音的时候，就可以用它们奏出简单的旋律了。

贝壳里的声音

为什么把大贝壳贴在耳边时它们会发出声音？

贴在耳边的大贝壳之所以会发出声音，是因为贝壳是一种共振器，能增强、放大周围环境里许多我们通常觉察不到的、细小的声音。这些声音混合在一起犹如巨大的波涛声，它使我们联想起各种关于贝壳声音的神话故事。

透过手掌看物体

左手握住一只小纸筒，将纸筒放在左眼前，通过纸筒观察远处的物体。与此同时，抬起右手，将右手放在右眼前，右手手掌要与左手手上的纸筒挨在一起。两只手与两只眼睛的距离保持在 15～20 厘米。这时，你会发现，右手手掌上好像漏了一个洞，这样右眼就可以透过手掌看物体了。

为什么会出现这种现象呢？

（图 70）

原因是这样的，你的左眼准备透过纸筒观察远处的物体，因此，左眼的晶体就适应了这种观察远处物体的状态。眼睛的结构和工作特点是这样的，两只眼睛常常协调一致，不分彼此，一只眼睛做什么，另一只眼睛也会做什么。

在上述实验中，由于右眼也变成了远望的状态，因此右手掌对于右眼来说就不那么清晰了。简单地说，左眼看远处的物体很清晰，而右眼看近处的手掌看得很模糊。所以，你会觉得，你是在透过你的手掌看远处的物体。

望远镜里的小船

你站在海边，用双筒望远镜观察正在靠岸的小船。望远镜放大了 3 倍。请问小船靠近的速度扩大了多少倍？

为了解开这道计算题，我们假设小船距离观察者 600 米，并以 5 米/秒的速度向观察者靠近。在放大 3 倍的望远镜里，我们看到，600 米远的小船与它在离我们 200 米远时的大小一样。1 分钟后，小船向观察者靠近了 5×60＝300 米，此时小船距观察者还有 300 米远，但是望远镜里的小船却与离我们 100 米时的大小相同。这就意味着，对于用望远镜观察小船的人来说，小船一共走了 200－100＝100 米，实际上小船走了 300 米。由此看出，在望远镜里小船靠近的速度非但没有扩大 3 倍，相反却缩小了 3 倍。

读者会发现，即使将距离、小船游动速度、时间间隔都换成其他数字，结果也是一样。

因此，望远镜将小船放大多少倍，小船靠近的速度就缩小多少倍。

放在前面还是放在后面？

在日常生活中，很多人并没有正确合理地使用一些家庭用品。比如说镜子，不是所有的人都会正确地使用它。人们为了更清楚地看到镜子中的自己，常常会把灯放在自己的身后，这样做并不是照亮真实的自己，而是照亮“镜子中的自己”。

100个女人中有99个会这样做，但是剩下的那一个一定是我们的女读者，因为她知道把灯放在自己的前面才是最正确的方法。

镜子前面的图像

现实中的物体与该物体在镜子中的影像常常不一致。你发现这一点了吗？请看下面实验。

在自己面前竖起一面镜子，镜子前放一张白纸，接下来，在纸上随便画个图形，比如矩形和它的对角线。画图时不要看自己的手，而是从镜子里面观察手的运动。

这时你会发现，你根本无法完成这个看似非常简单的任务。多年以来，我们的视觉和动作已经默契一致。但是，镜子却打破了这种默契，它呈现在我们眼前的动作与现实中的动作截然相反，导致我们的意念和动作发生背离：你想往右画，手却向左移动。

假如你在镜子前面画的不是简单的线条，而是一些复杂的图形或是随便写些什么，那么你会发现更为离奇的事情：镜子中将出现一幅十分滑稽可笑的图画。

黑天鹅绒与白雪

阳光明媚时的黑天鹅绒与黑风月夜中的纯净白雪，哪一个更亮？

似乎没有什么东西比黑暗中的黑天鹅绒和晴朗天空下的白雪更亮了。然而，当我们用一种物理仪器——光度计来测量这些物质的亮度时，就会惊讶不已。原来，阳光下纯黑的天鹅绒甚至比晚上的白雪还要亮。

原因在于，无论物体表面多么黑，都不会全部吸收照射在它表面的可见光。哪怕是我们熟知的颜色极黑的炭黑和铂黑，也会将投射在其表面的约 1%—2%的光反射出去(即漫射)！说到 1%的反射度，我们不得不再说一句，雪会将投射在自己身上的光 100%地反射出去(当然，这多少有些夸张)。大家都知道，太阳光的亮度是月亮亮度的 40 万倍。因此，1%黑天鹅绒所漫射的太阳光，其亮度是 100%的雪所漫射的月光亮度的 1 000 倍。换句话说，阳光照射下的黑天鹅绒比月光照射下的白雪更亮。

以上所说的内容不止针对白雪，也可以针对一些非常白的粉末，因为任何物体的表面在还没有被阳光晒得发烫的时候，其漫射出去的光少于其所接受的光亮，又因为阳光的亮度是月光的 40 万倍，因此，我们无法想象，在月光照射下，那些比晴天里极黑的黑色颜料还要亮的白色颜料会是什么样子。

雪为什么是白色的?

雪是由无数的小冰晶组成的，但它为什么是白色的呢?

雪呈白色与碎玻璃及一切碎末状的透明物体呈白色有着共同的原理。将冰块放到研钵中将其捣碎，或是用刀刮一些碎冰，就会得到一些白色的粉末。这是因为，当光线穿越这些透明的碎冰末过程中，并没有穿透这些碎冰末，而是在冰末上形成反射。碎冰末将投射在其表面的光线反射出去，于是冰末表面的颜色被我们看成是白色的了。

雪之所以呈白色也是由它粉末状的性质所决定的。假如我们用水来填补雪花之间缝隙的话，雪花就不再是白色的了，而是透明的。这类实验做起来很简单：将雪放入一个罐子，向里面倒一些水，这时，你们会看到，雪的颜色从白色变成了无色透明。

皮鞋的光亮

为什么打了油的皮鞋会熠熠发亮？要知道黏糊糊的鞋油和刷子是不能产生光亮的。所以，皮鞋的光亮对于很多人来说是一个谜题。

为了破解这个谜题，我们应该清楚，抛光的表面与无光的表面之间有着怎样的差别。通常人们认为，抛光的表面是光滑的，而无光的表面是粗糙的。这并不正确，这两种表面都是粗糙的。因为,绝对光滑的表面是不存在的。假如你用显微镜观察抛光的表面,你会看到其表面像剃须刀的刀刃一样凹凸毕现;对于缩小了一千万倍的人来说,所谓抛光的平整的皮革表面其实就是一个丘陵地带,高低起伏,上下不平。在所有亚光和抛光的皮革表面都会有一些凹凸不平和受到磨损的地方,问题恰恰在于皮革表面的粗糙程度。假如粗糙程度小于投射在其表面的光的波长,光线就会规整地反射回来,即保持着反射前后相互倾斜的角度。这种表面像镜面一样光洁明亮,熠熠闪光,因此我们称之为抛光表面。假如表面粗糙程度大于投射在其表面的光的波长,那么光线就被不规则地反射回来,反射前后相互间的倾斜角度就会发生变化。这时,漫射光既不会现出镜子般的明净,也不会熠熠发亮,我们称之为无光(亚光)表面。

因此,光线不同,皮革表面粗糙程度也不同,有些呈抛光表面,有些呈无光表面。对于一些平均波长等于半微米(0.000 5 毫米)的可见光来说,粗糙程度小于这个波长的表面就成为抛光表面了;对于波长更长的红外线来说,表面也会是抛光的;但对于波长较短的紫外线来说,这时的表面就是无光的了。

现在,我们再回到刚才的话题:为什么打了油的皮鞋会熠熠发亮呢?没打油的皮鞋表面,其粗糙程度大于可见光的波长,因此,这时皮鞋表面是无光的。打上鞋油之后,皮鞋的粗糙表面会覆盖一层很黏很薄的鞋油,这层鞋油会使皮鞋的粗糙表面变得更平滑,并抚平皮革上磨起的绒毛。我们用鞋刷给皮鞋表面擦鞋油时,会将擦在凸起部位的过剩的鞋油移到其他缺少鞋油的部位,填平这些部位的低洼,这样,皮鞋表面的粗糙程度就变小了,并小于可见光的波长,因此皮鞋表面就从暗淡无光变为熠熠发亮了。

透过彩色玻璃

透过绿色玻璃看红色花朵,花朵会呈现什么颜色?要是透过绿色玻璃看蓝色花朵呢?

绿色玻璃只允许绿色光通过,而不允许其他颜色的光通过。红色花朵发出的光都是红光,几乎不会射出其他颜色的光。因此,当我们透过绿色玻璃看红色花朵时,由于绿玻璃会将花瓣射出的仅有光线全都挡住,所以花瓣不会发出任何光线。因此,透过绿色玻璃看红色花朵,花朵会变成黑色。

同样的道理，你就不难理解，透过绿色玻璃看蓝色花朵，花朵也会由蓝色变成黑色的原因了。

著名物理学家、化学家、细心的大自然观察者米· 尤·毕奥特洛夫斯基教授在自己的《夏日观光中的物理现象》一书中，就这一问题做了一系列有趣的描述：

“当我们透过红色玻璃观察花朵时，很容易发现天竺葵等一些纯红色的花朵会呈现一种如纯白色的明亮颜色；绿叶则变成了一种带有金属光泽的纯黑色；蓝色的花朵会变成黑色，而且黑到放在黑色背景下也无法辨认的程度；而黄色花、粉红色花及浅紫色花在绿玻璃下呈现无光泽的深色。

拿来一块绿色玻璃，我们透过它来观察色彩艳丽的植物：白色的花朵会呈现更加明亮的颜色；黄色和淡蓝色的花朵会呈现出更加苍白的色彩；红色花朵则呈深黑色；淡紫色花和浅粉红色会分别变成深色和灰色，比如淡粉红色的野蔷薇花瓣呈现的颜色看起来比它的深色叶子颜色还深。

最后，我们透过蓝色玻璃观察红色花朵，花朵仍呈黑色；观察白色花朵，花朵呈鲜艳明亮的颜色；黄色花朵呈纯黑色；浅蓝色和蓝色的花朵接近白色。

因此，不难理解，红色花朵相比其他颜色的花朵能发出更加红色的光线，黄色花朵可以发出近似同等数量的红色光线和绿色光线，但只发出很少的蓝色光线；粉红色花朵和紫色花朵可以发出很多红色光线和蓝色光线，绿色光线却放射得很少。”

红色信号灯

在铁路运输中，为什么人们会选择红色作为停止信号呢？

作为一种光波较长的光线，红光比其他颜色的光波长更长，因此会被空气中漂浮的离子漫射到四面八方。因此，红色光线相比其他光线会漫射得更远。而对于交通运输来说，使停止信号的能见度尽可能地达到更远才是最重要的。

对于长波光线来说，由于大气具有很强的透明度，天文学家们广泛利用红外线滤光器来为行星拍摄照片（尤其是火星）。普通照片中不易察觉的一些细节可以清晰地显现在用红外线滤光器拍的照片上。

而另一个选择红色作为停止信号的原因是，相比蓝色和绿色，我们的眼睛对红色更为敏感。

5. 视 力 错 觉

错 视

在这一章我们将向大家介绍错视问题。错视并不是我们的视觉偶然遇到的一种欺骗性假象，而是在一定条件下经常出现在我们视野中的一种固定的规律性现象，并对我们的视觉造成极大的冲击力。我们绝不应把人在某种特定条件下陷入错视并受其欺骗看做是人的某种生理缺陷的外在表现。其实美术家也不能创造出完美的视觉现象。在一定条件下，我们所看到的东西并不都是现实存在的东西，这对于美术家来说却是一件幸福的事情，他们可以借此来施展自己的创作手段。18 世纪著名的数学家欧拉曾经写道："写生画家尤其能够利用这种共有的欺骗性来为自己带来利益。而很多绘画艺术的形成正是基于这种欺骗性。如果我们都习惯根据真相来判断事物，那么艺术恐怕就不会出现了，就如同人们如果都是盲人，艺术的存在还有什么价值呢？同时美术家的所有努力也将付之东流。我们就会直白地说：这是木板上的红点，这是浅蓝色的斑点，这是黑色的斑点，那是白色的线条等等。所有的东西都在同一平面上，看不出任何距离差别，根本没法塑造出一个完整的有层次感的物体。图画上的图案完全不像画上去的，倒像是我们在纸上写信，即便是写信，也需要我们努力辨认信上的笔画书写。在艺术与生活结合的这种完美之中，在我们每天都享受的艺术给我们带来的益处和美妙之中，我们不应当感到遗憾，也不应当感到缺失。"

尽管美术家、物理学家、生理学家、医学家、心理学家、哲学家等都对错视现象表示出极大兴趣和深入探究的意愿，但是到目前为止全面介绍错视现象的书籍还没有出现。

本章内容主要供非专业人士使用，我们力求为读者提供一部涵盖最主要错视类型的珍贵读本。读者无需借助任何装置，如显微镜、带孔的小卡片等，在正常视力条件下即可成功地观察到这些错视现象。

至于引起错视的原因，只有极少数的错视现象有其特定的原因，这其中包括眼结构的原因：光渗错觉、马略特错觉（盲点）、象散错觉等等。其他大部分错视现象原因复杂。在西欧有很多探讨错视原因的文献，但并没有得到大家的广泛认可。

以图 111 为例，在图中我们可以看到一个错视图形：黑色背景上分布着一些白色圆圈，而这些圆圈似乎看起来像六边形。如你们所见，这种错视现象是由光渗——即亮块的虚假扩大所引起的（这种原因有其简单易懂的物理解释），这种错视我们将其看做是特定原因引起的错视。保罗·伯特在自己的《动物学教程》一书中这样写道："光渗导致白色圆圈面积扩大，同时黑色间隙的面积缩小。又由于每一个圆形被 6 个这样圆形所包围，因此，在圆形扩大时，这个圆形就与周围的圆形靠在一起，后来就变成了一个六边形。"

在图 111 的另一幅图中，我们看到白色背景上分布着一些黑色圆圈，看这幅图时会看到与前一幅同样的效果，但原因却与前一幅图不尽相同。光渗现象只会使黑色圆点的面积缩小，但并不会将这些黑色圆点的形状变为六边形。如果用同一个原理揭示这两种情况的本质，可以这样解释：当我们观看图片时，能呈现圆形之间很窄缝隙的视角没有达到能区分它们形状的极限。这时，紧贴圆点的 6 个缝隙中的每一个缝隙都会变成宽度一样的直线，所以这些圆点就变成了一个个六边形。这种解释恰好又与另一神奇的现象相一致：当我们观察图片时，白色区域似乎变成圆形，同时围绕它们的黑色边缘组成了六边形。而在更远的距离看图形时，六边形就变成了白色的圆点。然而，我对上述现象所做的解释只是一种大胆的猜想，还需要翔实的数据加以证明。

除了前面所提的几种已经被大多数学者认可的理论，其他一些探究错视原因的著作还有待商榷。对于一些错视现象，人们至今尚未找到形成原因。相反，对于另外一些错视现象，人们又解释过多，而且这些解释又矛盾百出，让大家无所适从。我们回想一下从托勒密时代就被人们津津乐道的著名的水平放大天体错视。关于这种错视，人们提出了不少于 6 个比较成熟的理论，但每个理论都有瑕疵。显而易见，几乎每个有关错视的研究都处于发展阶段，因此，需要构建基本的、系统的研究理论，从而更好地对其展开研究。

在缺乏正确理论指导的情况下，我更倾向于只列出一些没有争议的现象，而不去解释现象发生的原因，力求向读者完整地介绍错视的主要类型。我只是在本章结尾处对肖像错视的原因做一些解释，这是因为此类错视的原因十分明显，不会引起任何争议。

下面的图集以错视图例的形式展现在我们面前，这样做的原因是考虑到人眼的解剖生理学特点。这些错视主要是由盲点、光渗、象散、光印象保存、视网膜疲劳等引起的(图 71—77)。在进行盲点实验时，视觉领域部分消失这种现象可以用另外一种方式被发现，正如 17 世纪马略特所做的那样。马略特曾经这样描述道："我在自己眼前将一个白色的小圆形贴到黑色的背景上，同时，取另一个小圆形，将其放在第一个圆形的右侧，与第一个圆形的距离大约为 2 英尺，但要稍低一些，让它的影像在我们眯起左眼时落在我们右眼的视觉神经上。我始终对着第一个圆形并缓缓后退，同时用右眼紧紧盯着它。当我退到距离圆形大概 9 英尺远的时候，约 4 英寸大小的第二个圆形从我的视野中彻底地消失了。

我不能将这种现象归结为圆形所处的位置是侧面，因为比它还要靠侧面的物体我都能清晰地分辨出来。我想如果眼睛稍微移动一下就无法找到它，那是不是有人把它拿走了呢？"

除了这些因生理原因产生的错视之外，还会介绍更多的由难以查明的心理原因引起的错视。可以把这些由预先形成的、本能的错误判断引起的错视看做是特定条件下发生的错视现象。这些错视产生的根源不在于感觉而在于心智。康德对此做出精辟评论：

"我们的感觉不会欺骗我们，不是因为它总能进行正确的判断，而是因为它根本就不去判断。"

(图 71)

光　渗

从远处看图 71 下部的白色圆圈和白色正方形时，你会发现，虽然黑色圆形和黑色正方形与白色圆形和白色正方形是对应相等的，但是看上去白色的图形更大一些。眼睛距离图形越远，这种错觉就越明显。

光　渗

从远处观察左侧那幅带有黑色十字架的图形时，由于发生光渗现象，你会感觉平面像是被从中间夹起来，就像右侧图形所描绘的那样。

之所以会发生光渗现象，是由于物体的每一个亮点在我们视网膜上的成像不是一个点，而是一个小圆圈(由所谓的“球面像差”引起)，因此光亮的表面在视网膜上所形成的影像，其轮廓外像被镶了一道亮边，就使物体在视网膜上的影像轮廓扩大了，而黑色的表面投在视网膜的影像在周围背景光圈的作用下就变小了。

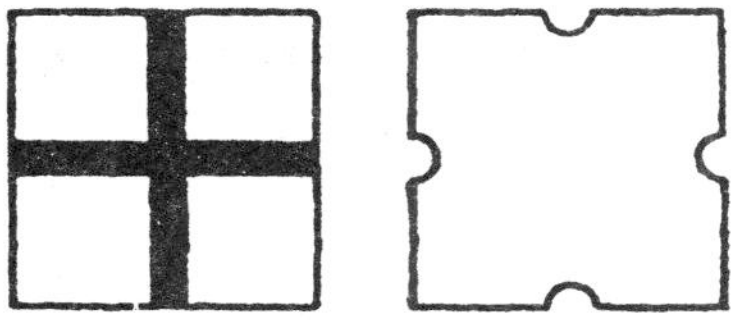

(图 72)

马略特实验

遮住右眼，在 20—25 厘米远的地方用左眼观察图中处在上面的那个十字标志。这时你会发现，在左侧的 3 个圆中，中间的大圆消失了，但旁边的两个小圆仍清晰可见。不改变图片位置，再去观察下面的那个十字标志，这时，大圆只会部分消失。

(图 73)

这是因为，在上述条件下，当我们用眼睛观察物体时，大圆的影像会落到所谓的“盲点”上，即落到了视神经穿过的无感光细胞部位。

盲　点

这幅图由上一幅图变化而来。当我们在一定距离用左眼看图右部的小十字时，虽然可以分辨出左侧的两个大圆，但却看不到黑色的小圆。

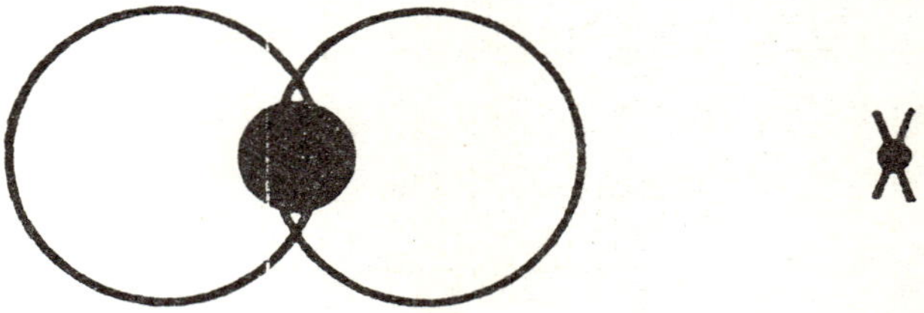

(图 73a)

象散现象

用一只眼睛看图 74。所有字母都是一样黑吗？通常情况下，你会发现有一个字母比其他字母要黑。若是将图旋转 45 度或 90 度，较黑的就不是这个字母了，而是另一个字母。

这种现象是由象散引起的，即不同方向的眼角膜弧度不一致。只有少数眼睛能够避免这种缺陷。

(图 74)

图 75 从另一个角度(从上一幅图变化而来)让我们发现眼睛的象散现象。将一只眼睛遮住，用另一只眼睛近距离观察图形，你会发现其中一对相对的扇形看起来比另一对要黑，而另一对的颜色看起来会有一些灰。

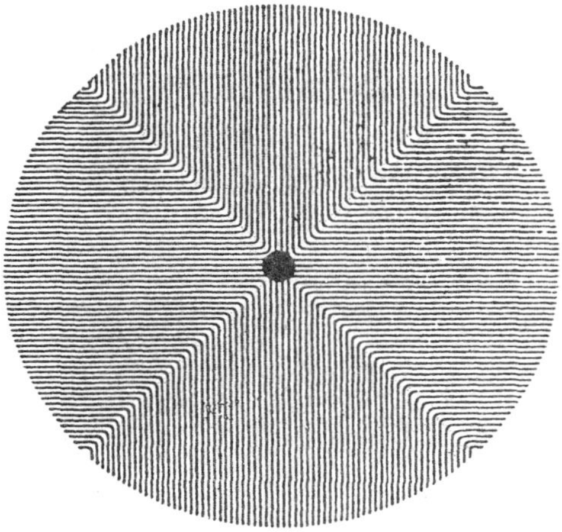

（图 75）

一边左右移动图 76，一边观察，你会发现图片中的眼睛会从一边瞥向另一边。

因为，眼睛所追逐的物体从眼前消失后，眼睛在短时间内具有保存视觉印象的特性（摄影机的运转正是基于此原理）。

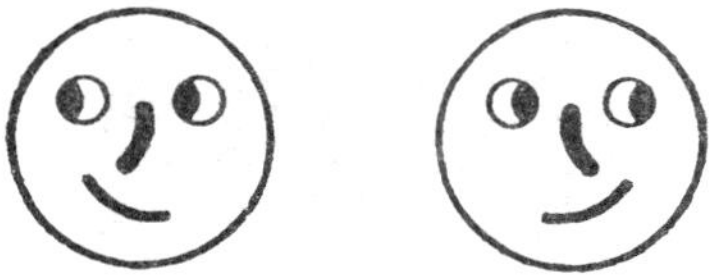

（图 76）

集中精神盯住图 77 中上部的白色正方形，半分钟后，你会发现下面的白条消失不见了（由视网膜疲劳所引起）。

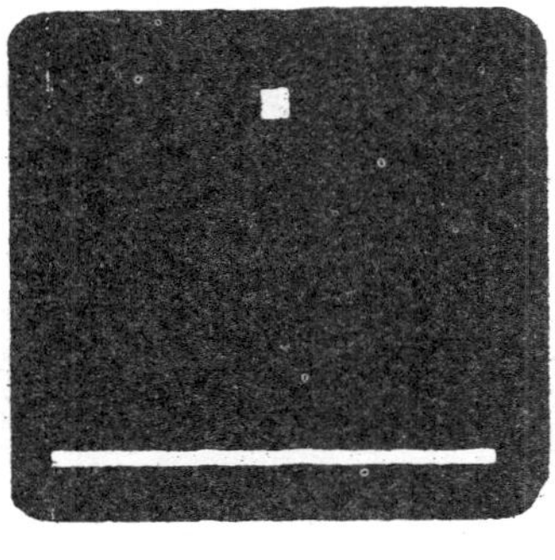

（图 77）

缪勒-莱依尔错觉

虽然线段 bc 与线段 ab 等长，但看起来线段 bc 比线段 ab 要长。

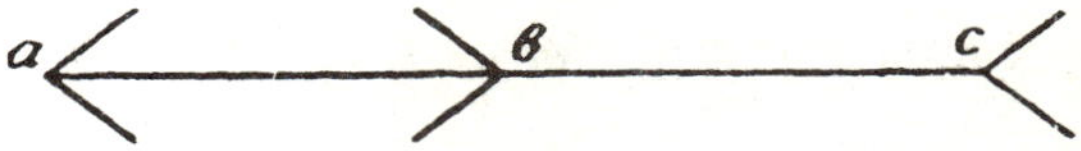

(图 78)

图 78 的变形：虽然垂直的直线 A 与直线 B 等长，但直线 A 看起来比直线 B 要短。

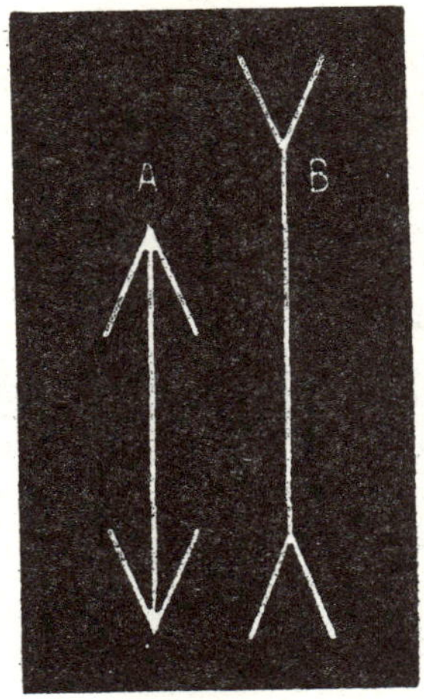

(图 79)

虽然图 79 中两艘船的甲板是等长的，但似乎右边船的甲板比左边船的甲板要短。

(图 80)

图 81 中 AB 与 BC 距离相等，但是看起来 AB 比 BC 要短很多。

（图 81）

图 82 中线段 AB 看起来比与它等长的线段 CD 要长。

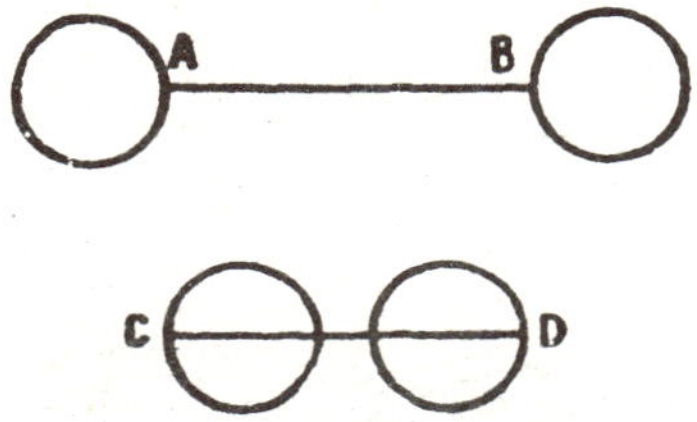

（图 82）

在图 83 中，虽然底部的椭圆形与上面内部的小椭圆形相等，但是底部的椭圆看起来更大。

（图 83）

在图 84 中，线段 AB、CD、EF 等长，但它们看上去并不相等（位置不同）。

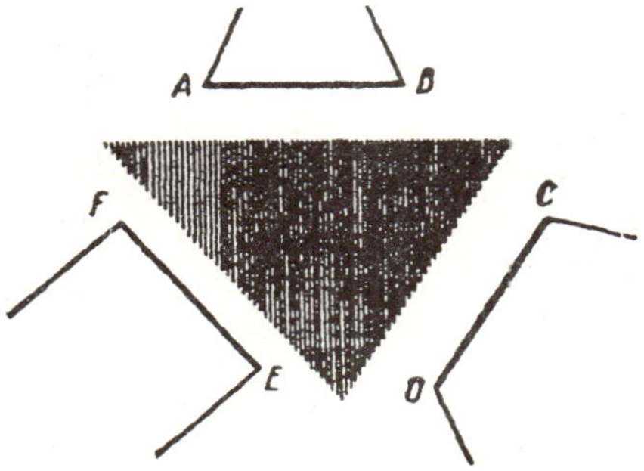

（图 84）

图 85 中两个矩形大小相等，但带有横线的矩形看起来比带有竖线的矩形要长。

（图 85）

在图 86 中，虽然图形 A 与图形 B 是两个相等的正方形，但图形 A 看起来更高、更窄。

（图 86）

虽然图 87 中图形的高度与宽度相等，但似乎高度大于宽度。

（图 87）

（图 88）

图 88 高筒帽的高度与宽度相等，但高度看起来要大于宽度。

在图 89 中，虽然 AB 线与 AC 线距离相等，但看起来，AB 线更长。

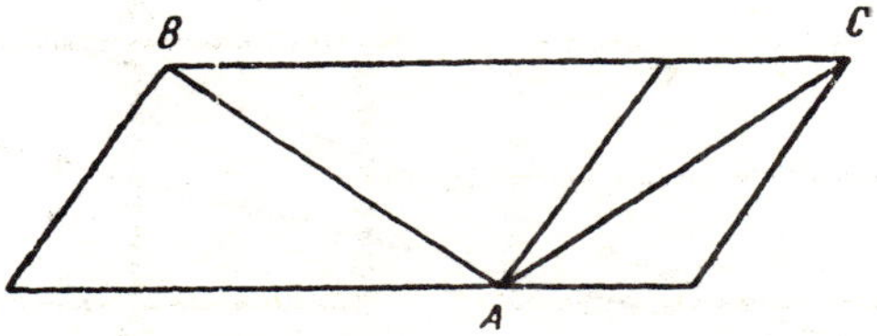

（图 89）

图 90 中线段 BA 等于线段 BC，但线段 BA 看上去要比线段 BC 长。

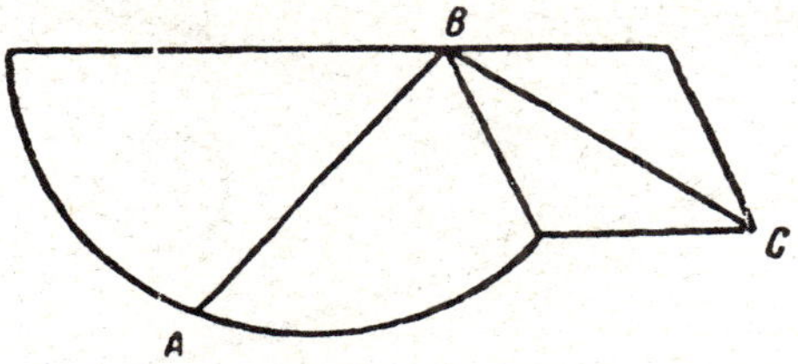

（图 90）

垂直竖立的木条（如图 91）看起来要长于它下面的两根木条，实际上，它们是等长的。

（图 91）

图 92 中，MN 之间的距离看上去要大于实际上与之等长的 AB 之间的距离。

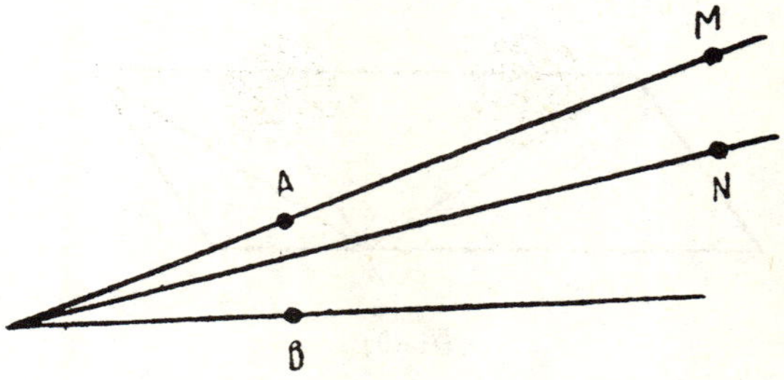

（图 92）

图 93 中的两个圆圈大小相同，但右边的圆圈看起来要比左边的圆圈小一些。

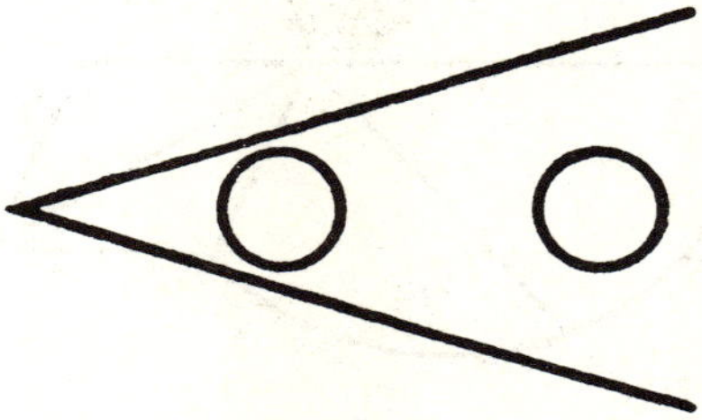

（图 93）

在图 94 中，AB 之间的距离看上去要大于实际上与之等长的 CD 之间的距离。远距离观察图片时，这种错觉更加明显。

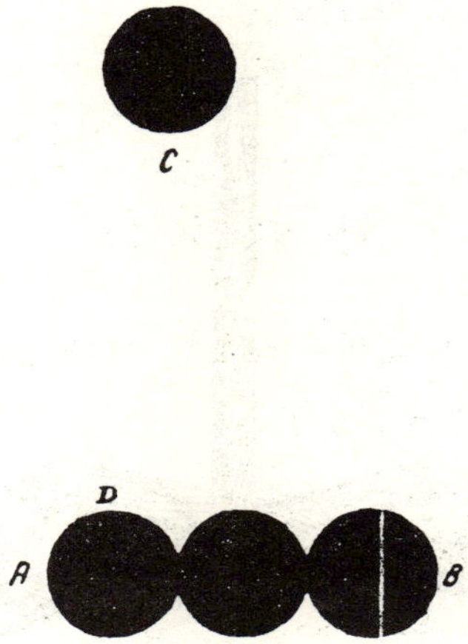

（图 94）

如图 95,下边这个圆与上边两个圆之间的距离看起来要大于上边两个圆外侧之间的距离,虽然它们实际是相等的。

（图 95）

“烟　斗”

图 96 中两个图形中黑线长度相等,但似乎右侧图形中的黑线更短一些。

（图 96）

印 刷 字 体

图 97 中每一个符号的上半部和下半部是一样的。但是,将图倒过来,你会发现符号的上半部分看起来比下半部分小了。

X38S

（图 97）

图 98 中两个三角形的高被等分成两段，你会发现靠近顶点的那一端看起来更短。

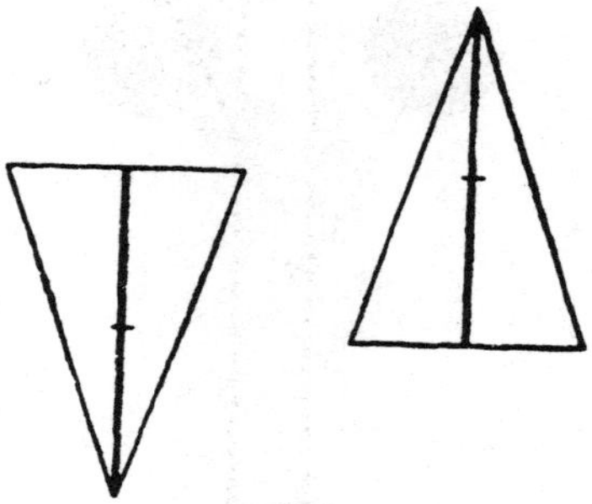

（图 98）

波根多夫错觉

一条倾斜的直线穿过图 99 中由黑白线条组成的图形，从远处观察，你会发现倾斜的直线似乎变弯曲了。

（图 99）

如图 100，假如延长右边的两条弧线，它们一定会与左边的两条弧线的端点相交，虽然看起来它们要低一些。

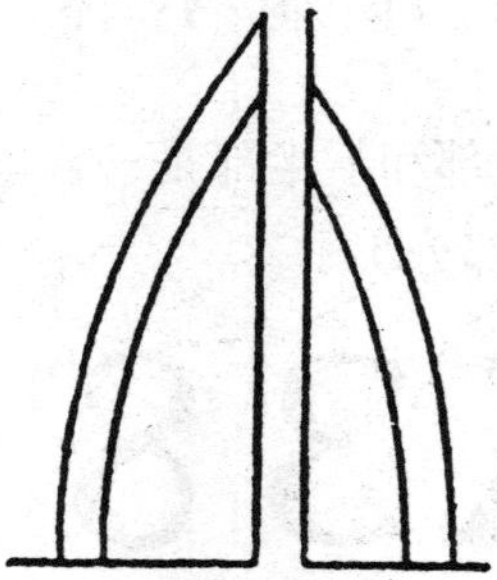

（图 100）

如图 101，处于 ab 延长线上的 c 点，看上去像是位置更低。

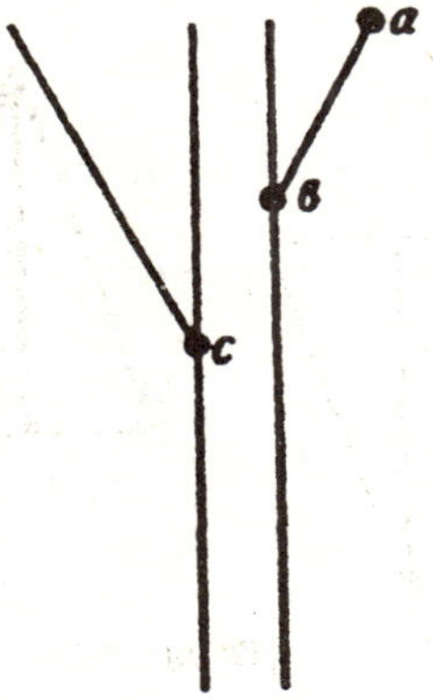

（图 101）

图 102 中这两个图形完全一样，但是上面的图形看起来更短、更宽。

（图 102）

图 103 中部的这些线看上去似乎是不平行的，但实际上它们确是完全平行的。

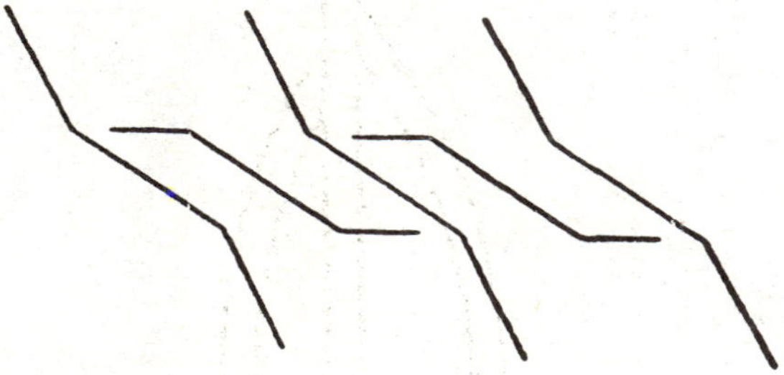

（图 103）

策尔纳错觉

虽然图 104 中这些长斜线看上去像是发散开的,但实际上它们是平行的。

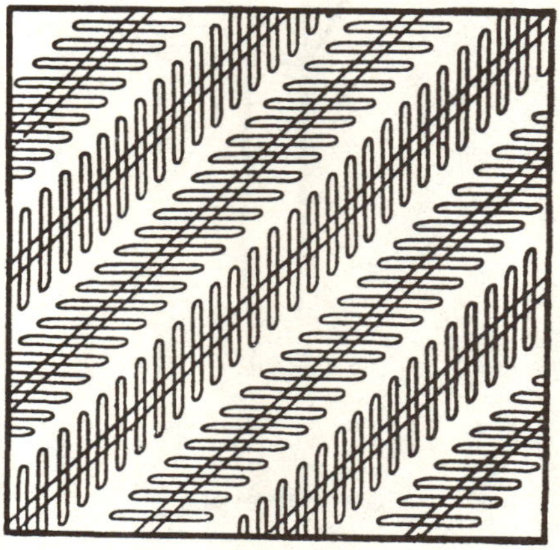

(图 104)

黑 林 错 觉

图 105 中部是两条从左向右延伸的平行线,但看上去像是两条凸起的弧线。

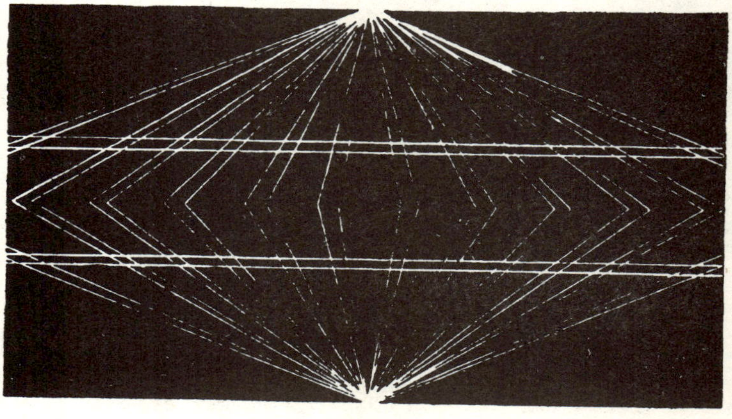

(图 105)

在以下条件下错觉会消失：(1) 将图片抬高到视线的位置，观察时使视线沿着直线移动；(2) 把铅笔尖置于图中的某一点上，然后聚精会神地看着这个点。

如图 106，下面的弧线看起来比上面的弧线更短而且更突出。但其实，它们是一模一样的。

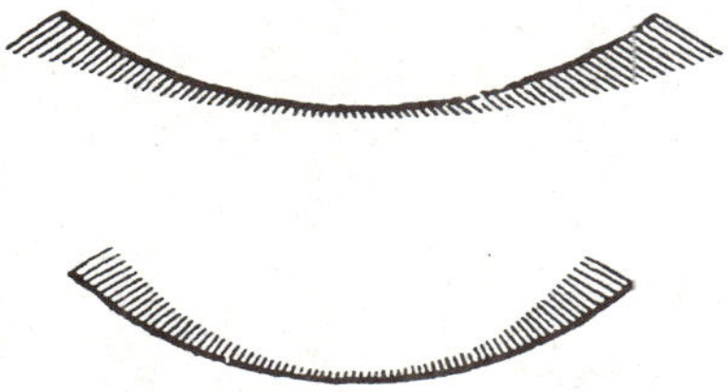

(图 106)

乍看上去，图 107 中的三角形的 3 条边像是凹进去似的，但实际上，它们是笔直的。

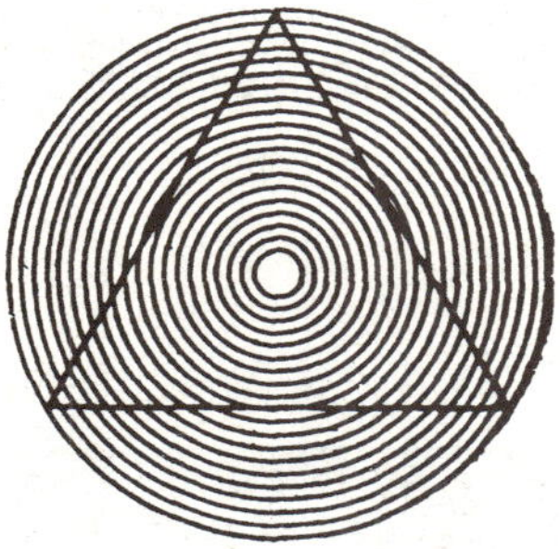

(图 107)

其实，图 108 中的写出字母的每一笔都是直的。

(图 108)

图 109 中的曲线看起来像是螺旋形的，但实际上它们只是一些圆圈。用一根削尖了的细棍沿着这些线滑动，就能证明这是圆圈。

（图 109）

图 110 中的曲线看起来像是椭圆形，但实际上它们同样是一些圆圈，只要用一支圆规就能容易地辨认出这些圆圈。

（图 110）

在一定距离外，观察图 111 中的圆（白色和黑色的圆），你会发现这些圆看起来像是六边形。

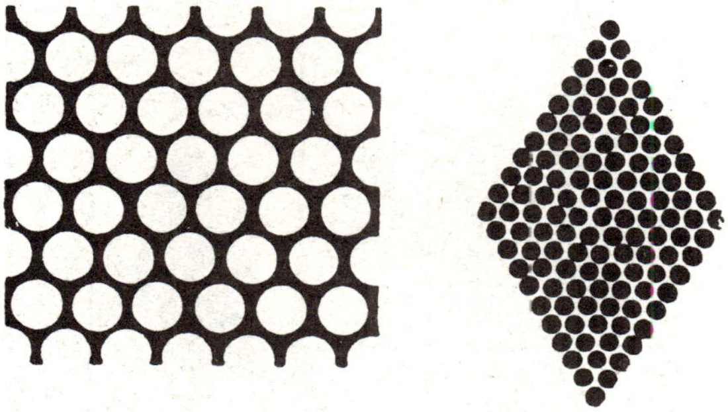

（图 111）

照相版印刷的错觉

当从远处观察这个网状图的时候，很容易分辨出图 112 中的眼睛和女人鼻子的一部分。

此图形是放大 10 倍的照相版印刷（书中的普通插图）的一部分。

（图 112）

如图 113，上面那个人的侧影看起来比下面那个人的侧影长，但实际上，它们的长度是相同的。

（图 113）

能否将图 114 中的圆圈置于 AB 线与 CD 线之间？乍看上去，你会觉得这是可能的。但实际上，圆圈的直径要比这两条直线之间的距离长，因此不能将其置于两条直线之间。

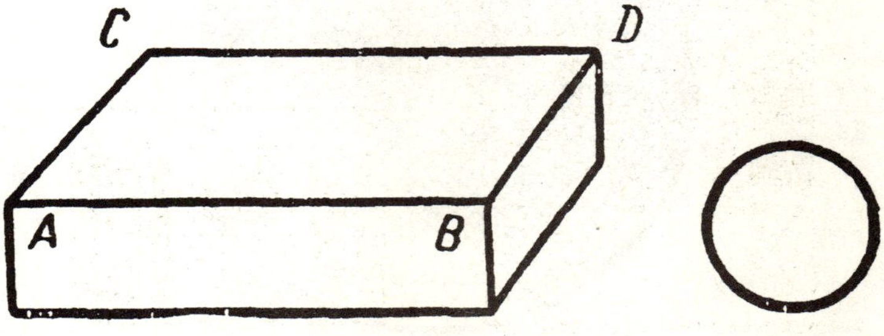

（图 114）

图 115A—B 的距离似乎大于 A—C 的距离，但实际上，它们是相等的。

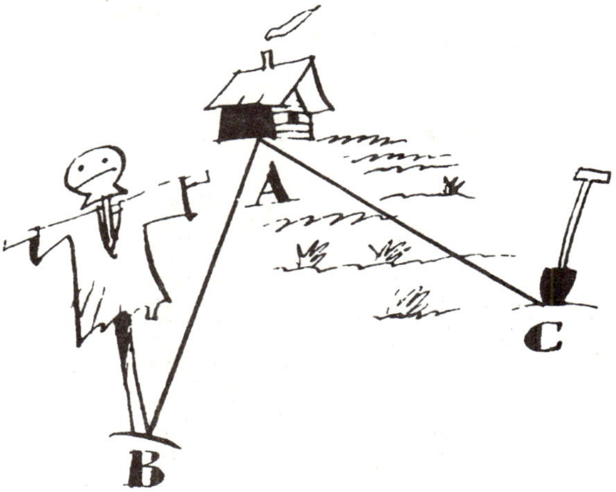

（图 115）

将图 116 举到能使目光沿着图片移动的视线高度，这时你会看到右侧图中的景象。

（图 116）

如图 117，用一只眼睛（遮住另一只眼睛）仔细观察每根线中延长部分的交叉点。

你会看到一些类似插在纸上的大头针。轻微地将图片来回移动，这时你会看到一些摇晃的大头针。

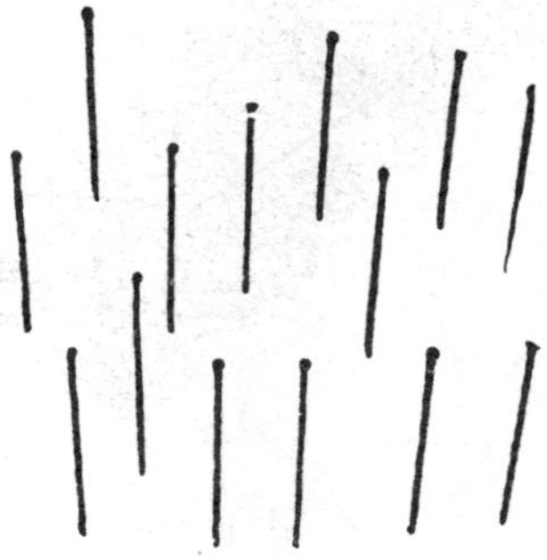

（图 117）

长时间观察图 118，你会感到有两个立方体交替向前凸起，一会向上，一会向下。你也可以根据自己的想象，把它想象成别的图形。

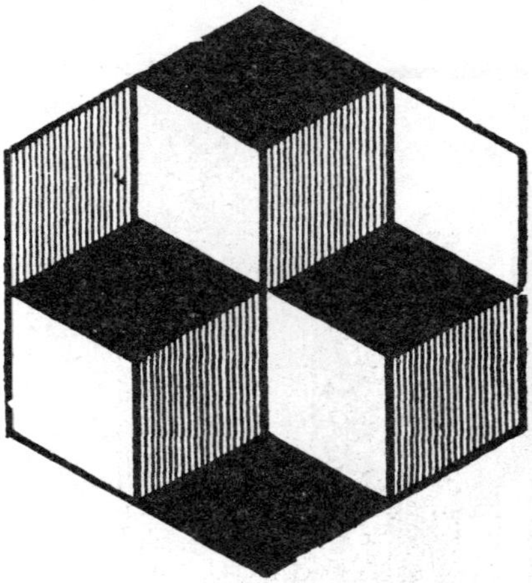

（图 118）

施勒德阶梯

可以把图 119 想象成 3 个图形：(1) 梯形；(2) 阶梯式凹槽；(3) 被斜拉的手风琴形状的纸条。你也可以随意把它看成别的形状。

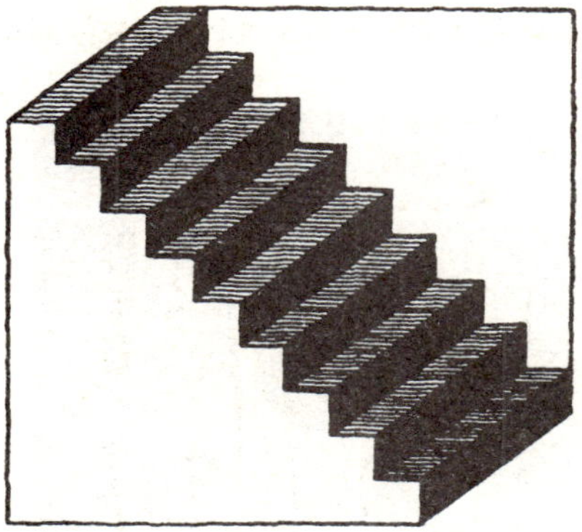

（图 119）

当你观察图 120 时，你可以根据自己的意愿将图形看成是一块带有凹槽（凹槽的后壁即是 A、B 所在的平面）的方木，也可看成是一块带有凸榫的方木（凸榫前部的面即为 A、B 所在的平面），还可以将其看做是从下部打开的、带有紧贴内壁木板的空抽屉。

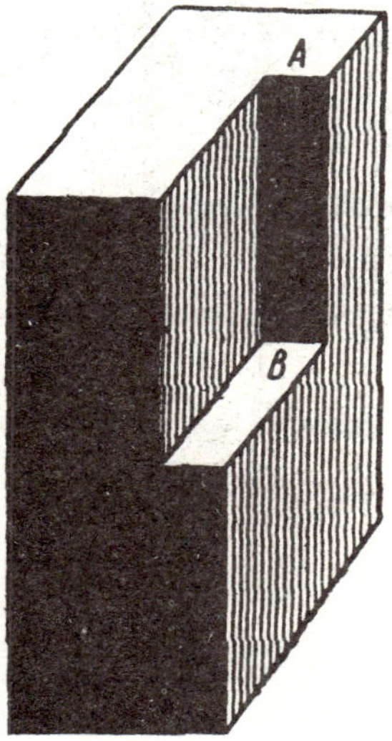

（图 120）

如图 121，在白色线条的交汇处你会看到闪烁着淡黄色的方形小点。实际上，这些线条从始至终都是白色的，假如用纸盖住图中邻近白色线条的黑色正方形时，你就很容易相信这一点。这就是对比的结果。

（图 121）

图 122 是图 121 的变形，但在此图中，出现在黑色线条交汇处的是白色的方形小点。

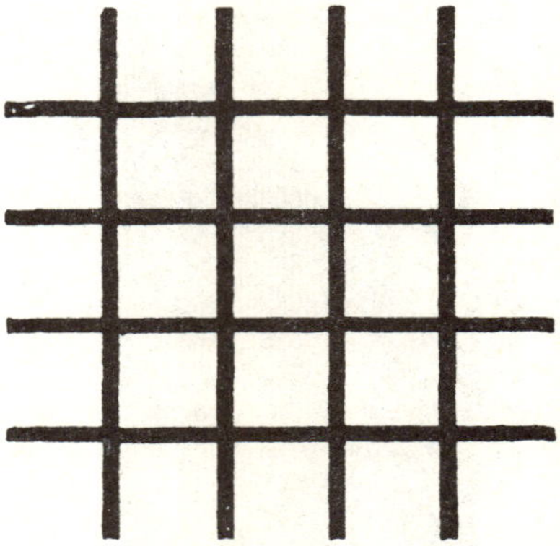

（图 122）

对着图 123 底片肖像上的某一点，定睛观察几分钟，然后将视线迅速转移到一张白纸上、亮灰色的墙壁或是天花板，在一刹那间，你会在那里看到同样的肖像，但是黑色的点变成了白色，白色的点变成了黑色。

（图 123）

西尔维纳斯·汤普森错觉

如图 124，把图片旋转起来（把书旋转起来），此时所有的圆圈和锯齿状圆环像是在围绕着各自中心进行同向等速旋转。

（图 124）

如图 125，左图中你们会看到一个凸出的十字标志，右图中可以看到凹下去的十字标志。但将图片倒置之后，你会发现两个十字似乎是交换了位置。而实际上，两幅图是一样的，只不过是被转到了不同方位罢了。

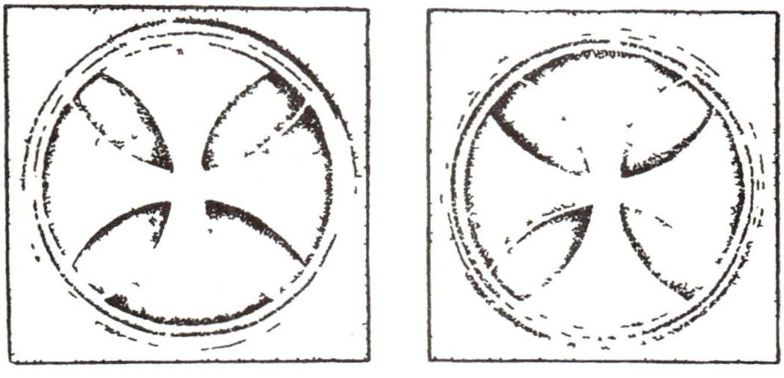

（图 125）

不管你的身体向左还是向右，图 126 中那双眼睛都会一直盯着你，手指也会一直指着你。

（图 126）

自古以来，一些肖像以其极大的趣味性而被人们所熟知，比如有的会眼睛紧盯着你，即便把图中的人脸转向他看不到你的地方，他的眼睛也会盯着你。肖像的这种特点会吓倒一些神经质的人，但对于大多数人来说，这的确是某种不可思议的事情，并会引起一些迷信和玄妙的说法。其实，这种视觉欺骗现象的原理十分简单。

首先，我们应当知道，这种现象不仅表现在肖像画上，其他一些图画也具有类似特点。在画上或是在照片中会呈现一门炮口对着观众的大炮，不管观众向什么方向移动，炮口仍然对着你。一驾马车径直朝你奔来，尽管是在画中，但也让你感觉有些躲闪不及。

这些现象背后都有一个共同的简单至极的原因。假如我们在图中看到大炮直对着我们，那么在我们左右移动时，大炮仍然是它本来的样子，这很自然，但是如果是一门真炮，当炮口转向我们的时候，情况便大不相同。我们在看图片时，脑海中浮现的不是图片本身，而是真实的事物，所以我们总会觉得，图片中的物体不停地变换位置。

肖像画也有类似的特点。如果肖像画脸部正对着我们，眼睛直视着我们，那么当我们站到一旁，重新审视这幅肖像时，肖像画脸部的位置相对于我们来说其实并没有改变(图中的一切都没有发生变化)。但是你却觉得画中那双眼睛一直盯着你，无论你向左移还是向右移，这是什么原因呢？原因是我们的感觉出了问题，我们仿佛看到肖像上的脸转向我们。这是我们心理引起的一种错觉。

肖像画具有这个特点并不令人感到奇怪。肖像画如果没有这个特点那才叫奇怪。如果你向两侧移动身体，你却能真正看到肖像画的侧面，这难道不令人称奇吗？这不正是那些认为肖像上虚幻的转动是某种超自然力量造成的人所希望的吗？

6. 巧妙摆放与排列

摆成 6 排

你们也许听过这样一个有趣的故事，把 9 匹马放到 10 个马棚里，而且保证每个马棚都要有 1 匹马。下面的这个问题，从表面上看与这个著名的故事相似，但是其答案却是运算所得，而非想象。

问题是这样的：将 24 个人摆成 6 排，要求每排 5 人。

9 个 0

9 个 0 是这样排列的：

0 0 0

0 0 0

0 0 0

要求用 4 条直线将所有的 0 连接起来。

36 个 0

如下图所示，36 个 0 排列在方格里。要求在画掉 12 个 0 之后，每一横排和每一竖排未画掉的 0 数量相同。

需要画掉哪些 0 呢？

0	0	0	0	0	0
0	0	0	0	0	0
0	0	0	0	0	0
0	0	0	0	0	0
0	0	0	0	0	0
0	0	0	0	0	0

两个跳棋子

将两个跳棋子摆放在空棋盘上，能摆出多少不同的位置？

窗帘上的苍蝇

9只苍蝇落在被画成许多方格的窗帘上。这9只苍蝇的任何一只与其他苍蝇都不在一条直线或斜线上（如图127）。

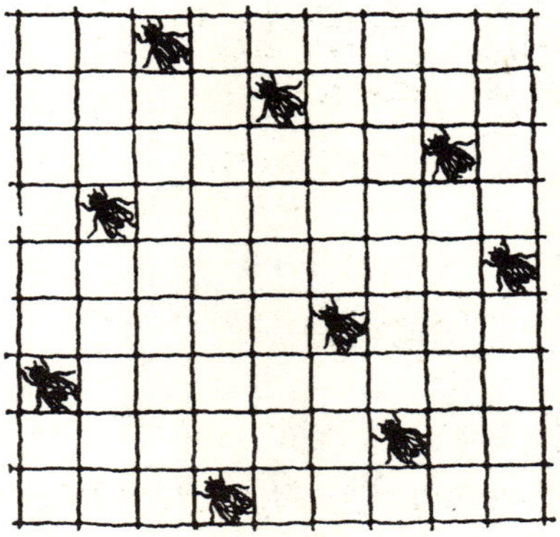

（图127）

过了几分钟有3只苍蝇改变了自己的位置，爬到了相邻的空格里，其余的6只仍然落在原地。有趣的是，虽然3只苍蝇移动了位置，但是所有9只苍蝇还是不在同一直线或同一斜线上。

你们能说出哪 3 只苍蝇移动了位置？它们都移动到哪些方格里了？

松鼠和兔子

如图 128 所示，有 8 个编号的树墩。兔子坐在 1 号树墩和 3 号树墩上，松鼠坐在 6 号树墩和 8 号树墩上。但是松鼠和兔子都对自己的位置不满意，它们想互换位置，松鼠想坐在兔子的位置上，而兔子则想坐在松鼠的位置上。它们可以通过从一个树墩跳到另一个树墩来完成调换，但是我们要求只能按照图上所标出的线路来移动。

它们怎样才能调换成功呢？

(图 128)

请记住下列规则：

(1) 只能按照图上所标出的线路从一个树墩跳到另一个树墩，每个动物需要连续地跳。

(2) 两个动物不能同时跳到一个树墩上，必须有一个先跳到空树墩上。

注意：动物必须用最少的步数完成调换。经测算发现，要想完成调换，移动的步数不能少于 16 步。

家具摆放

图纸上(如图 129)呈现的是别墅的平面图。在别墅狭小的房间里摆放着下列家具：桌子、钢琴、床、餐柜和书柜。只有 2 号房间暂时空着。

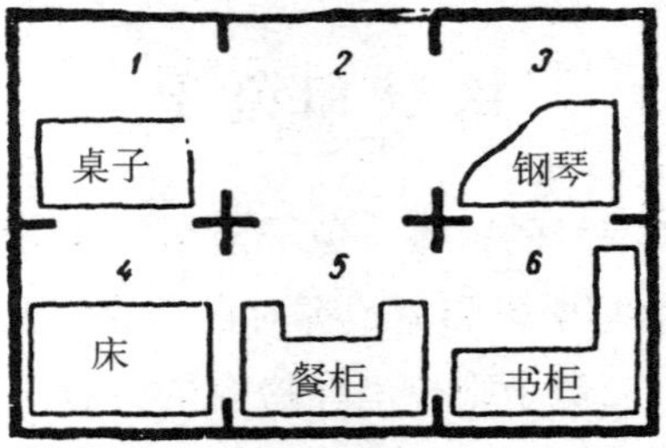

（图 129）

房主打算调换一下钢琴和书柜的位置。这是一个很难解决的问题，因为房间太小，钢琴和书柜不能同时放在一个房间里。空着的 2 号房间发挥了作用。房主通过把东西从一个房间移动到另一个房间，最后完成调换。

怎样才能用最少的步数来完成这次调换？

3 条 路

3 个兄弟——彼得、巴维尔和雅科夫——各分到一块菜地，3 块地紧挨着，离他们的房子不远。在图上（图 130）大家可以看到彼得、巴维尔和雅科夫房子的位置以及他们菜地的位置。你们会发现，这样的位置安排对于兄弟们来说很不方便，但是兄弟们并没有商量将菜地调换一下。

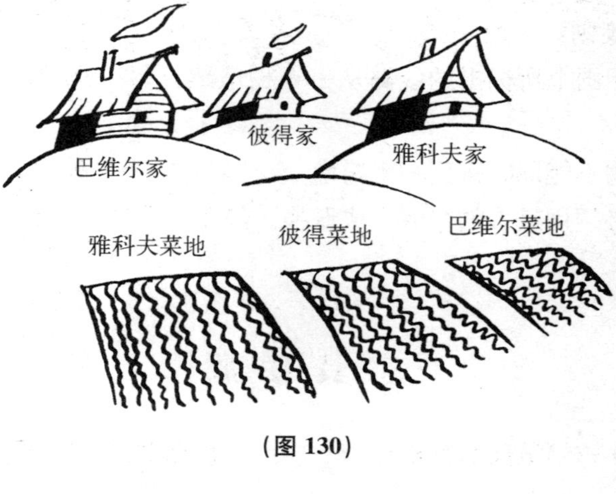

（图 130）

3 个兄弟都要在自己的菜地劳作，但通往自己菜地的道路却是相互交叉的。兄弟们关系不睦，经常争吵。为避免争吵，兄弟们决定另辟一条路，不用彼此交叉，也能去往自己的菜地。经过长时间思考，他们找到了不交叉的 3 条路，现在他们每天不用彼此见面就能来到自己菜地了。

大家想好怎么走了吗？

提示：道路不应绕到彼得房子的后面。

狡猾的卫兵

这是一道古老的算题，且有许多其他出法。我们仅举其中一例。

卫兵们被安置在 8 个帐篷里，他们守卫着队长的帐篷(如图 131)。最初在每个帐篷里平均有 3 个卫兵。后来卫兵们开始相互走动。然而当队长查哨时，碰到在一些帐篷里多于 3 个人，或是在另一些帐篷里少于 3 个人的时候，他并没有处罚他们。他只是查点在每排帐篷里卫兵的人数：如果在每排 3 个帐篷保证同时有 9 个人在里面，队长便认定，所有的卫兵都在。

(图 131)

发现这点之后，卫兵们找到了一个应付队长的办法。一天晚上，4 个卫兵临时离岗，但这事儿却未被发觉。第二天晚上，6 个卫兵又一起离岗，队长也未发现。后来卫兵们甚至开始邀请外人来自己帐篷做客，第一次来了 4 个人，第二次来了 8 个人，第三次来了 12 个人。所有这些行为都未被发现，因为在每排的 3 个帐篷里队长每次查到的人数都是 9 个人。

卫兵们是怎样骗过队长的呢？

10 个城堡

在古代，有一个统治者想建造 10 个城堡，且这 10 个城堡要用城墙连到一起。用 5 条直线代表城墙，要求在每条直线上有 4 个城堡。

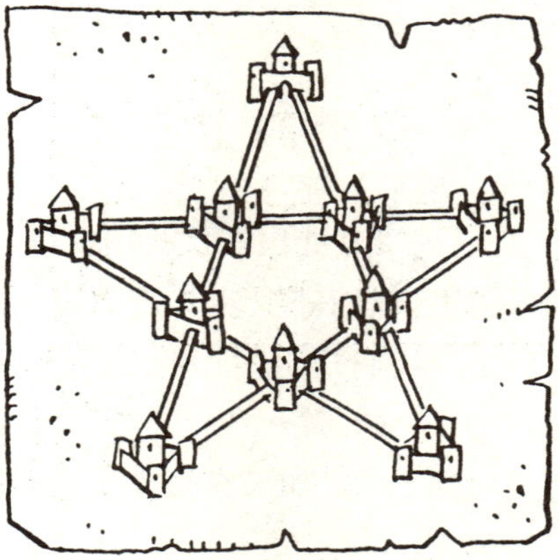

（图 132）

建造者提出一个方案，如图 132 所示。但是统治者对这个方案并不满意，因为这样的排列能够使敌人从外面接近任意一个城堡，而他希望的是，即使不是所有的城堡，那么至少要有 1—2 个城堡被城墙保护，以防止敌人从外面侵入。建造者认为无法满足对方要求，他坚持将每 4 个城堡安排在 5 段城墙的 1 段上。但是统治者不予批准。

建造者绞尽脑汁，最后终于解决了这个问题。

大家能否正确地设计出符合统治者要求的位置？

繁茂的果园

果园里有 49 棵果树。如图 133 所示，它们种植得非常密集。

园丁发现树太多了，他想把果园里的树砍掉一些，以便腾出地方，辟一个花圃。园丁请了一个工人，他是这样吩咐工人的："只留下 5 排，每排有 4 棵树即可，其余的都砍掉当柴火。"

（图 133）

树砍完之后，园丁去检查。令他非常伤心的是，果园几乎空了，工人留下的不是 20 棵树，而是 10 棵，工人一共砍掉了 39 棵树。

“你怎么砍了这么多的树？我告诉你要留下 20 棵呀！”园丁责骂工人说。

“不，您没告诉我留下 20 棵，您告诉我留下 5 排，每排 4 棵树。我是这样做的。您可以数一数嘛！”

园丁数了数，的确如此。留下的 10 棵树可以排成 5 排，并且每排 4 棵。园丁的指令被准确无误地完成了，只是工人砍掉的不是 29 棵树，而是 39 棵。

工人是怎样做的呢？

白色的老鼠

13 只老鼠围着 1 只猫，其中有 1 只白色的老鼠（如图 134），这些老鼠注定要成为猫的食物。但是猫想按照一定的顺序吃掉它们。猫按照这些老鼠转动的方向，每数到第 13 只时，就将这只老鼠吃掉。

（图 134）

猫应该从哪只老鼠开始吃，才能保证白色的老鼠最后被吃掉呢？

答案

摆成 6 排

如图 135 所示，如果把这些人摆成六边形，那么就很容易完成此题。

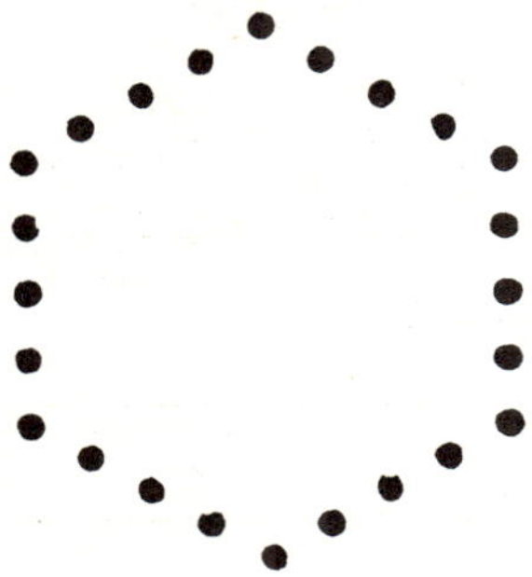

（图 135）

9 个 0

按照图 136 去做，问题即被解决。

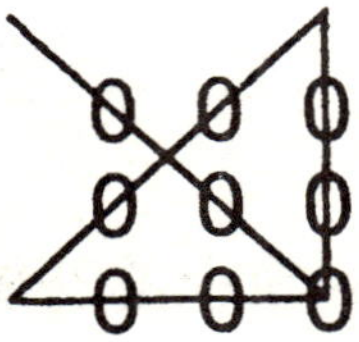

（图 136）

36 个 0

因为需要从 36 个 0 里划掉 12 个 0，那么应该是 36－12，剩 24 个 0，而且在每行有 4 个 0。

0		0	0	0	
		0	0	0	0
0	0	0			0
0	0		0		0
0	0			0	0
	0	0	0	0	

留下的 24 个 0，其位置是这样的：

	0	0	0	0	

两个跳棋子

第一个棋子可以放在棋盘 64 个格的任何一个格上，也就是说有 64 种方法。之后，像第一个棋子那样，第二个棋子可以放在其余 63 个格中的任何一个格上。也就是说，可以把第二个棋子的 63 个格加到第一个棋子的 64 个格的每一个格上。由此可见，在棋盘上两个棋子的不同位置的总数是：

$$64\times63=4\ 032$$

窗帘上的苍蝇

如图 137 中箭头所指，我们可以看到，哪些苍蝇改变了位置，并且发觉它们是从哪些方格开始移动的。

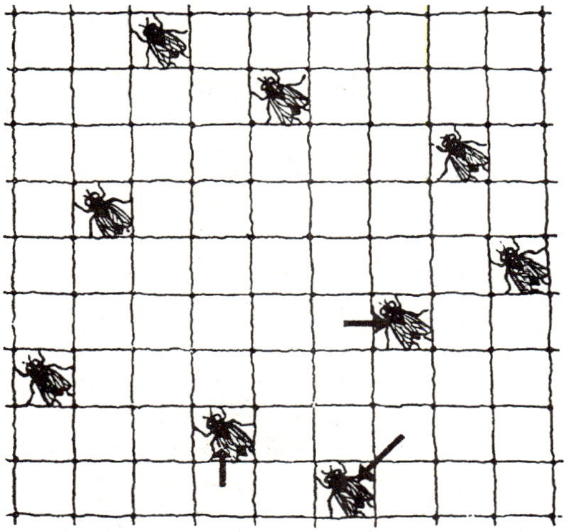

（图 137）

松鼠和兔子

下面所指出的是最短的跳动方法。数字显示出从几号树墩跳到几号树墩（例如，1—5，也就是说，松鼠从第一个树墩跳到第五个树墩上）。一共需要跳 16 下，即：

1—5；3—7；7—1；5—6；
8—4；4—3；6—2；2—8；

3—7；6—2；8—4；7—1；
1—5；5—6；2—8；4—3；

家具摆放

为了移动成功，移动步数不能少于 17 步。需要按照下列顺序来移动：

1. 钢琴	2. 书柜	3. 餐柜
4. 钢琴	5. 桌子	6. 床
7. 钢琴	8. 餐柜	9. 书柜
10. 桌子	11. 餐柜	12. 钢琴

13. 床　　14. 餐柜　　15. 桌子
16. 书柜　　17. 钢琴

3 条 路

如图 138 所示，这是 3 条彼此不交叉的路。

彼得和巴维尔不得不绕一些弯，但是兄弟们却可以避免路上不愉快的相遇。

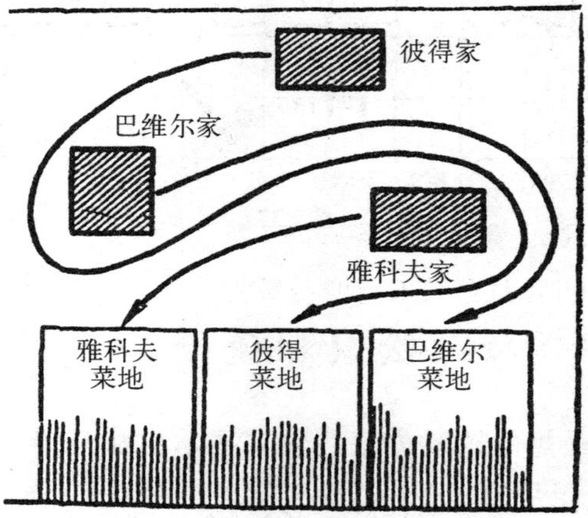

（图 138）

狡猾的卫兵

通过下面排列，很容易找到问题的答案。为了使 4 个卫兵同时离开时不被队长发现，在第Ⅰ排和第Ⅲ排里必须有 9 个卫兵(如图 139a)。而因为他们的总数是 24－4＝20，那么在第Ⅱ排里应该是 20－18＝2，也就是说，一个卫兵在这排左面的帐篷里，一个卫兵在右面的帐篷里。现在发现，在第Ⅴ排上面的帐篷里应该有 1 个士兵，在下面的帐篷里也应当有 1 个士兵。并且在角上的帐篷里，每个帐篷里都应当是 4 个卫兵。因此，当 4 个卫兵离开时，其他士兵的摆放位置应当是这样的(如图 139b)。

由此推论，

6 个卫兵离开时，人员安置如图 139c。

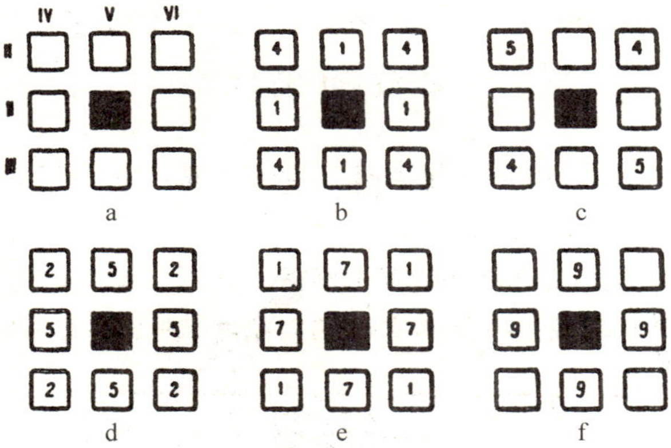

(图 139)

4 个客人来访时，人员安置如图 139d。

8 个客人来访时，人员安置如图 139e。

图 141e 所展示的是 12 个客人来访时的情形。

我们发现，在所给条件下，离岗卫兵不能多于 6 人，来做客的卫兵不能多于 12 个人。

10 个城堡

如图 140(左面)所示，在这样的位置上，两个城堡可以被保护。

大家可以看到，10 个城堡按照要求被排列成这样：在 5 个由直线代表的城墙上都设有 4 个城堡。图 140(右面)给出了这个问题的另外 4 个答案。

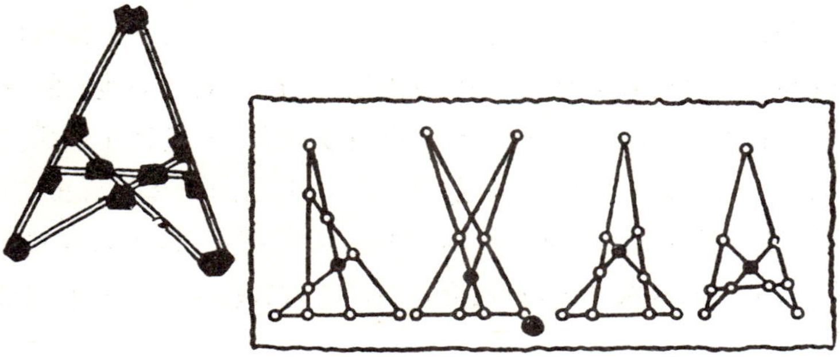

(图 140)

繁茂的果园

如图 141 所示，留下的树是这样排列的，它们排成 5 排，每排的确都有 4 棵树。

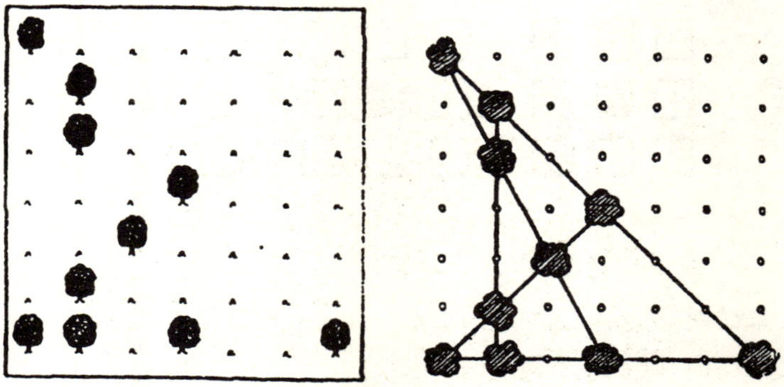

（图 141）

白色的老鼠

猫应当先吃掉它最先看到的那只老鼠，也就是说，从白色的老鼠开始数的第 6 只老鼠。

从这只老鼠开始数，按顺时针方向，每次画掉第 13 只老鼠，这样，白色的老鼠将最后被画掉。

7. 精巧分割与组合

用3 条直线

如图 142 所示，要求用 3 条直线把图分割成 7 个部分，每个部分都要有一个完整的动物。

（图 142）

分成 4 部分

如图 143 所示，这块地由 5 个同样大小的正方形组成。大家能把它分割成 4 个同样的部分吗？

请在纸上试着分割一下。

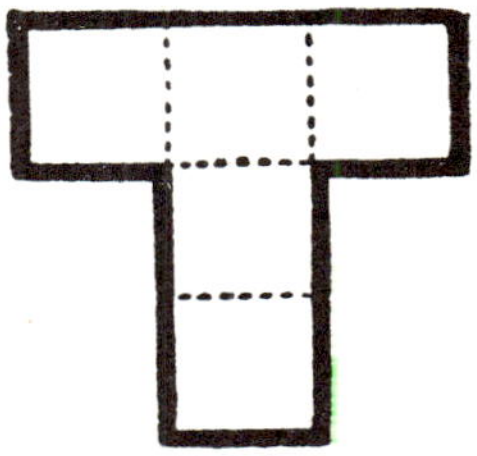

（图 143）

做成圆形

给木工拿来两块中间凿有孔洞的稀有树种的木板，要求他用这两块木板拼成一个完整的无间隙的圆桌面。两块木板的材料不能随意切除，必须完全用上。

这个木工技艺高超，但即便如此，这个任务也很难完成。木工绞尽脑汁，最后终于想出了办法。

你想到木工是怎么做的了吗？尝试着用纸剪出两个类似的图形，如图 144 所示（只需更大一些）。

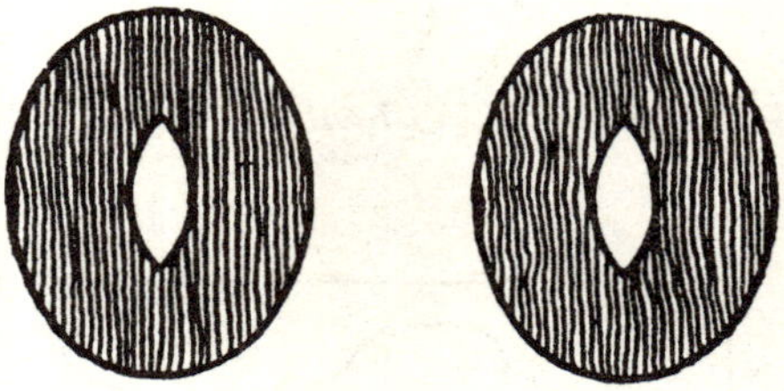

（图 144）

表　　盘

如图 145，把这个表盘分割成任意 6 份，要求每份的数字之和是一样的。

此题的目的不是确认大家是否机智，而是检验大家快速推测的能力。

（图 145）

月　牙

如图 146，要求用 2 条直线把这个月牙分割成 6 个部分。

怎样才能做到这一点呢？

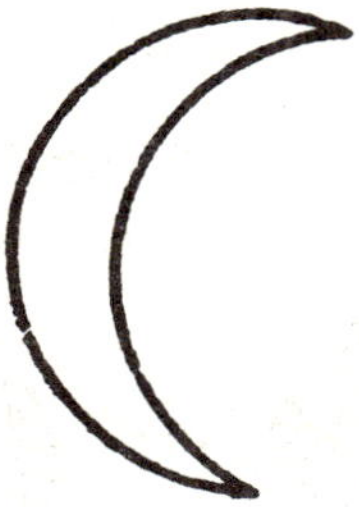

（图 146）

逗号分割

如图 147，在这里可以看到一个放大的逗号。

这个逗号的画法很简单，在直线 AB 上画出一个半圆，然后在直线 AB 的半段上再画出半圆，但一个在左侧，一个在右侧。

要求用一条曲线把这个图形分割成两个完全一样的部分。

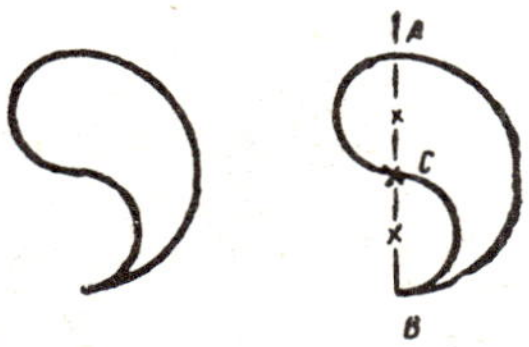

（图 147）

这个图形另外一个有趣的地方是，由这两个图形还能组成一个圆。这该怎样做呢？

立方体展开

如果大家沿着一条边把用纸板做成的立方体展开，把展开后所有的 6 个正方形都放在桌子上，那么将得到下面 3 个图形(图 148)。

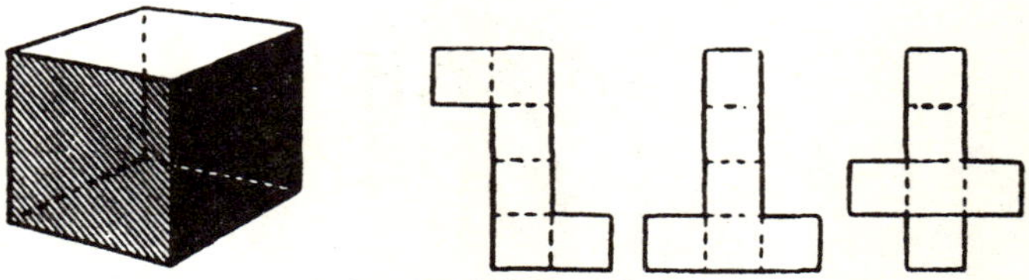

(图 148)

想一想，用这种方法能够得到多少个图形呢？换言之，将立方体展开成平面有多少种方法呢？

先告诉那些缺乏耐心的读者，不少于 10 种方法。

组成正方形

大家能够用这 5 片纸组合成一个正方形吗(图 149a)？

如果大家想到了怎样去解决这个问题，那么再用 5 个一样的三角形组合成一个正方形(在三角形上一个直角边比另一个直角边长一倍)。可以把其中一个三角形分割成两部分，但是其余的 4 个三角形不能被分割(图 149b)。

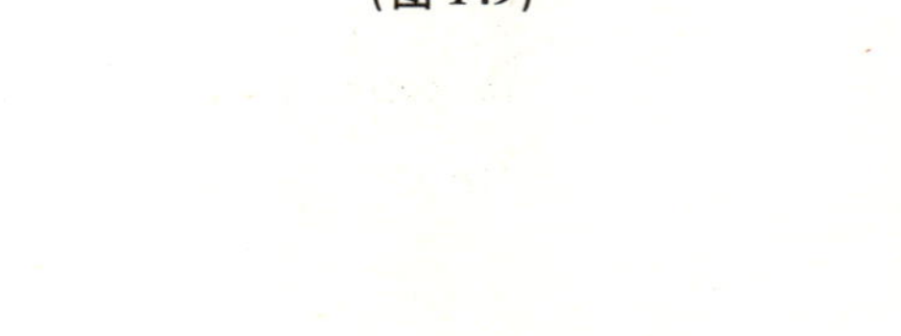

a b

(图 149)

答　　案

用3 条直线

答案见图 150。

(图 150)

分成 4 部分

用虚线标出要分割的地块(如图 151)。

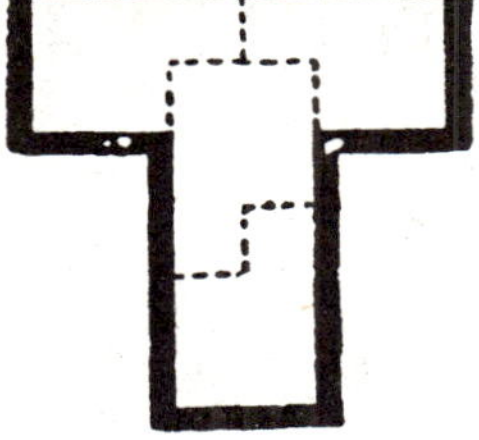

(图 151)

做成圆形

木工把每一块木板分割成 4 个部分，如图 152 左图所示。他用其中较小的 4 块组合成了一个小圆，把其余的 4 块沿着边粘到小圆上，这样变做成了一个非常漂亮的圆桌面。

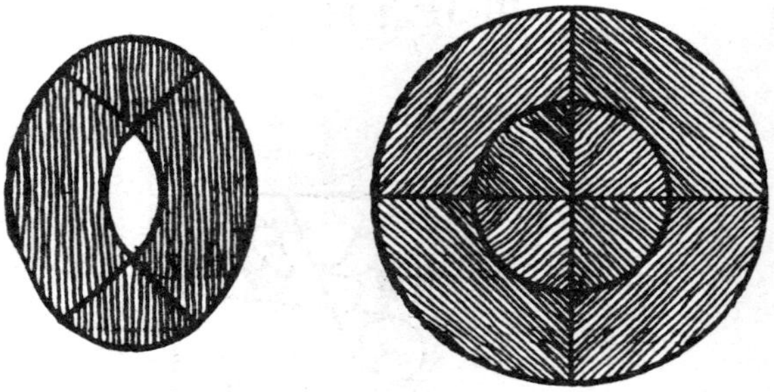

（图 152）

表　盘

因为在表盘上所有数字之和等于 78，因此 6 份中每一份数字之和应该是 78 除以 6，也就是 13。这就容易找到答案了，如图 153 所示。

（图 153）

月　牙

按照图 154 标明的那样去做，就能按要求得到 6 个部分。

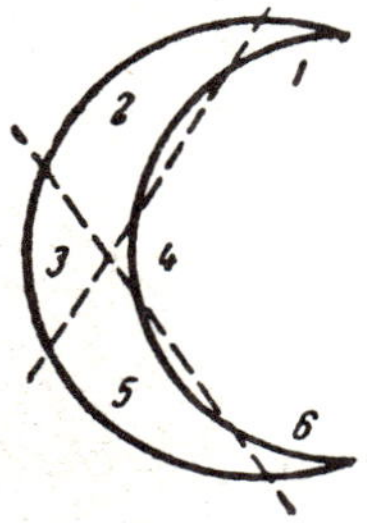

（图 154）

逗号分割

在所附图上即能找到答案（图 155）。被分割的逗号的两个部分是相等的，因为它们由相同部分构成。

此图又显示，由白色和黑色两个逗号还可以组合成一个圆。

（图 155）

立方体展开

这就是所有的展开图（图 156）。它们一共是 10 个。

如果把第 1 个图形和第 5 个图形翻转过来，又增加了 2 个图形，这时它们的图形数不是 10 个，而是 12 个。

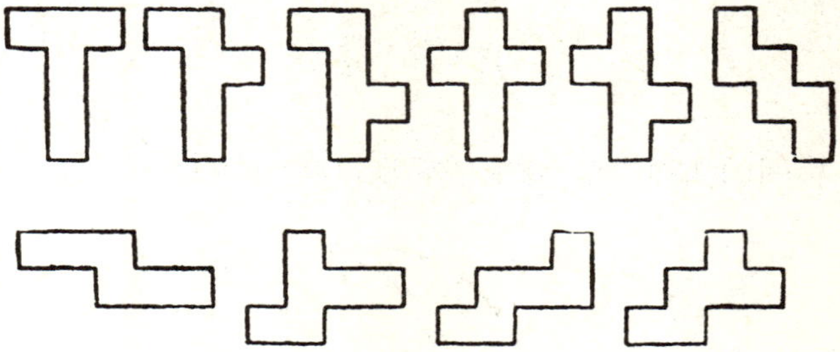

（图 156）

组成正方形

第一个问题的答案如图 157a 所示。而怎样由 5 个三角形组合成一个正方形，则如图 157b 所示。需要先分割一个三角形，如图 157b 下面的图形所示。

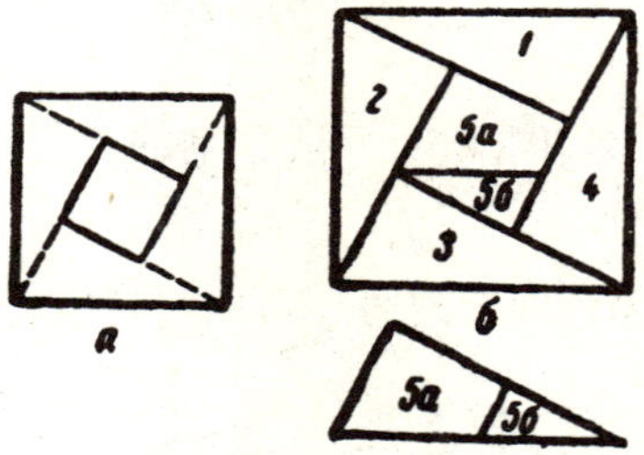

（图 157）

8. 正方形之谜

池　　塘

有一个正方形池塘。在池塘的 4 个角靠近水边种着 4 棵橡树。现在需要扩建池塘，使池塘面积比原来大一倍，而且要保留正方形，同时又不移动橡树。如何能够既扩大池塘面积，又保证 4 棵橡树不被水淹没呢（图 158）？

（图 158）

一个地板工

一个地板工需要把木头锯成正方形，用来铺地板。他是这样检查自己锯的木板的：他测量了 4 个边的长度，如果 4 个边相等，那么他认为正方形的木板便锯成了。

他的检查方法正确吗?

另一个地板工

另一个地板工用另一种方法检验是否把木头锯成了正方形。他测量的不是4个边,而是两条对角线。如果两条对角线相等,那么他认为,这就是正方形。

大家也这样认为吗?

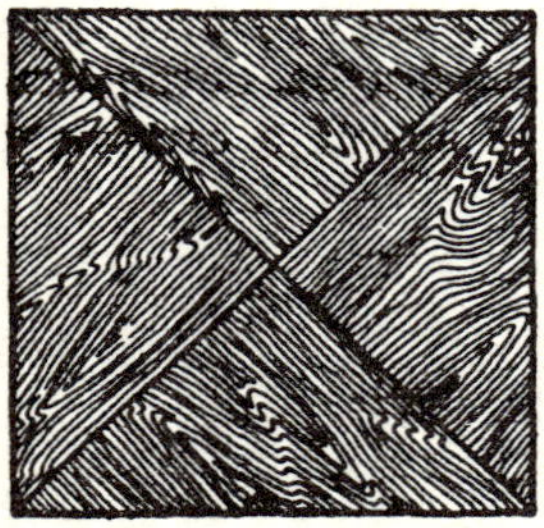

(图 159)

第三个地板工

第三个地板工在检验时确信,如果两条对角线划分成的所有的4个部分都相等,那么被锯成的四角形是就正方形(图159)。

大家怎么看呢?

一个女裁缝

一个女裁缝需要把一块布裁成正方形。她剪了几块布,然后检验一下,看是否是正方形。她把一块四角形的布沿着对角线对折起来,然后观察每条边是否重合。如果重合,那就意味着这块布被裁成了正方形。

她的做法对吗?

另一个女裁缝

另一个女裁缝不满意她朋友所使用的检查方法。她把一块四角形的布首先沿着一条对角线对折起来,然后把这块布展开,再沿着另一条对角线对折。如果在两种情况下每条边都重合,那么她就认为是正方形。

大家赞成这种检验方法吗?

一个木工的难题

一个年轻的木工有一块五角形的木板(图 160)。大家可以看到,这块木板由一个正方形和一个贴在正方形上方的三角形组成,这个三角形比这个正方形的面积少 3/4。

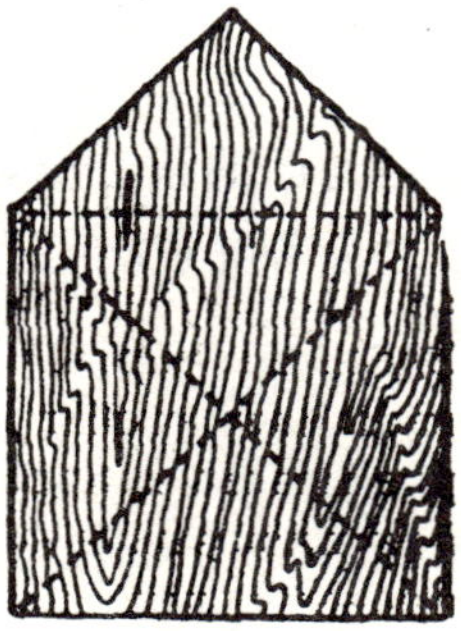

(图 160)

木工需要把这块木板切割成一个正方形,要求原有材料全部使用,既不能切除,也不能增加。当然,为了做到这点,必须首先把这块木板锯成几块。年轻的木工打算通过切割的方法来完成拼组,他想沿两条直线把这块木板切割开。

沿两条直线可以把木板分成几块,最后组合成一个正方形?如果可行,方法又是什么?

答　　案

池　　塘

把池塘的面积扩大一倍，既保留池塘的正方形，又不需要移动橡树，这是完全可行的。方法如图 161 所示，4 棵橡树应当位于新正方形的 4 条边的中间点。扩建后池塘的面积的确比原来增加了一倍。

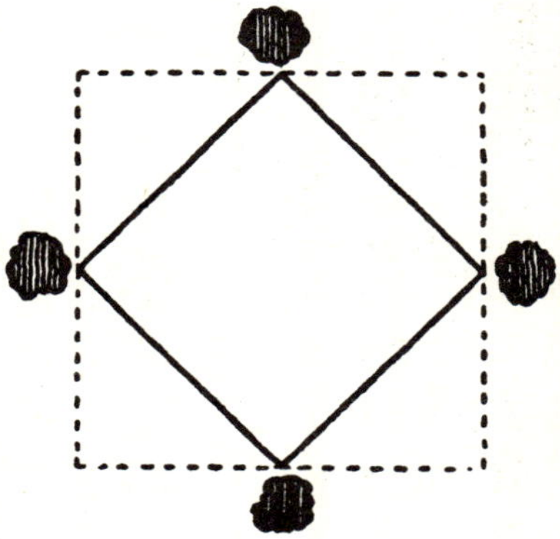

（图 161）

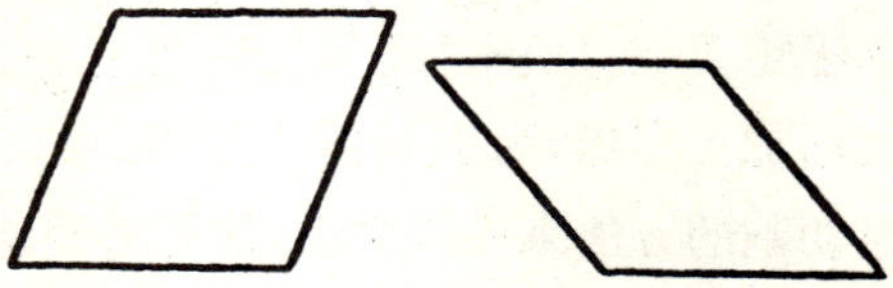

（图 162）

一个地板工

这种检查方法是不全面的。因为它不仅能检验正方形，还可以检测四角形。如图 162 所示，四角形所有的边也是相等的，但是它们的角却不是直角（这是菱形）。

另一个地板工

像上述方法一样，这种检查方法也不全面。当然，在正方形里对角线是相等的，但不是任何一个有着相等对角线的四角形都是正方形(图 163)。

(图 163)

地板工应该对每个锯成的木板使用两种检查方法,那样就能确保是正方形了。任何一个对角线相等的菱形一定是正方形。

第三个地板工

这种检查方法只能表明,被检查的四角形有 4 个直角,也就是说它是矩形。这种方法不能证明它所有的 4 条边都相等(图 164)。

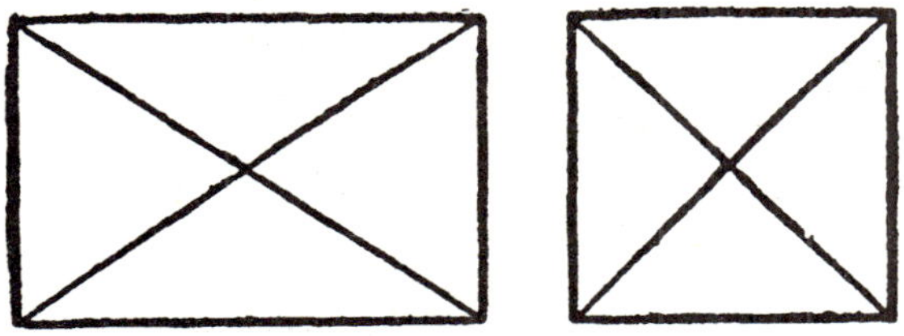

(图 164)

一个女裁缝

这种方法是远远不够的。图 165 中给出的几个四角形,它们的边在对折的时候都重合。然而它们不是正方形。大家可以看到,无论四角形多么偏离正方形,但它们仍然符合这种检查方法。

这种检查方法只能证实这个图形是对称的,其他的无法证明。

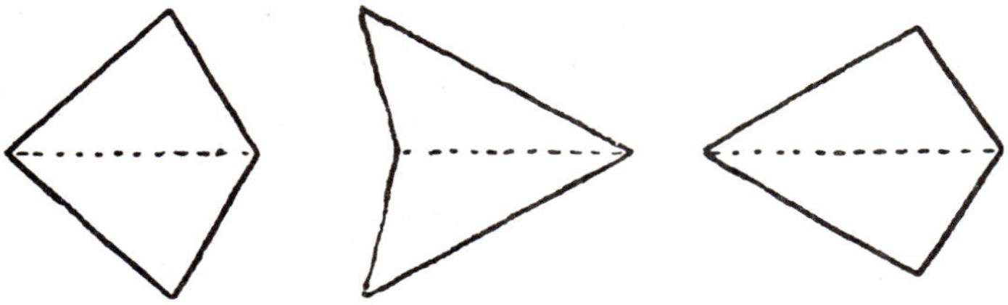

(图 165)

另一个女裁缝

这种检查方法与前一个相比也不是完美无缺。大家用纸片随便剪出几个可以用这种方法检测的四角形,发现它们完全不是正方形。图形中所有的四个边都是相等的(这是菱形)(图 166)。

为了证实被剪下的图形是正方形,女裁缝除了用上述方法以外,还需要检查对角线(或者角)是否相等。

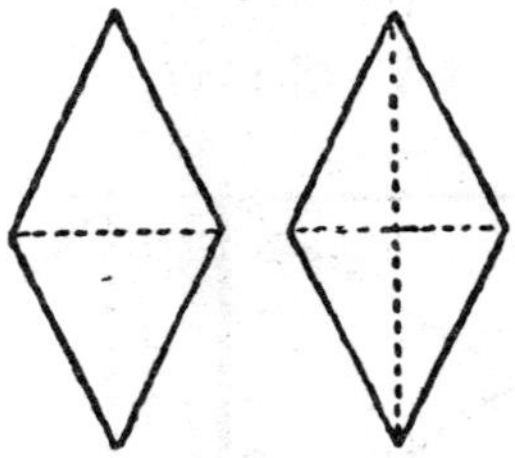

(图 166)

一个木工的难题

应该从顶点 c 画一条直线到 de 边的中间点,然后从这一点画一条直线到 a 点。所切割的块 1、2 和 3 便可以组成一个正方形(图 167)。

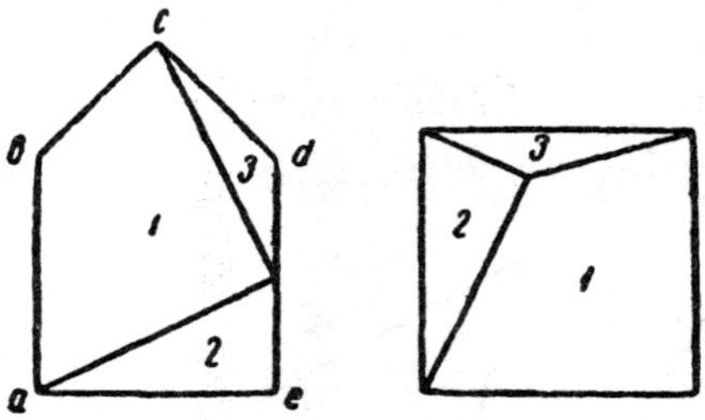

(图 167)

9. 劳动趣题

挖　土　工

5 个挖土工用 5 个小时挖 5 米水沟。

用 100 个小时挖 100 米水沟需要多少个挖土工呢?

伐　木　工

伐木工需要把圆木锯成几段,每段 1 米。圆木长 5 米。每锯 1 段用时 1 分半。把整根圆木锯开一共需要多少分钟?

5 段 铁 链

给一个铁匠 5 段铁链,每段铁链上有 3 个铁环(图 168),要求铁匠把这 5 段铁链连成一条链子。

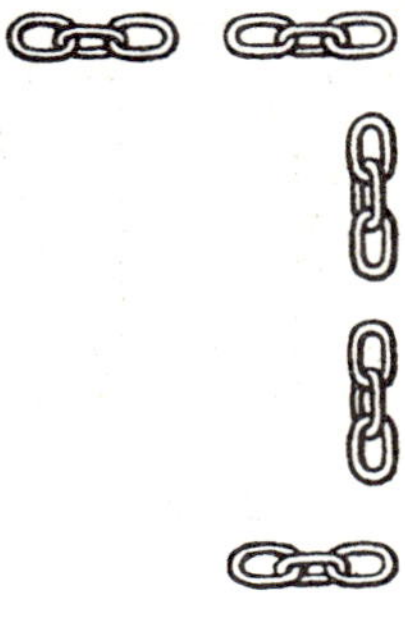

(图 168)

铁匠首先想到的是，一共需要打开和连接多少个铁环。他最后想出，应当打开和连接 4 个铁环。

能打开更少的铁环来完成这项工作吗？

多少辆车？

修理厂一个月修理汽车和摩托车共 40 辆。修理后卸下的车轮正好是 100 个。

请问，修理的汽车和摩托车分别是多少辆？

削土豆

两个人削土豆 400 个，一个人 1 分钟削 3 个，另一个人 1 分钟削 2 个。第二个人比第一个人多工作 25 分钟。

每个人分别工作了多长时间呢？

两个工人

两个工人用 7 天时间共同完成一项工作，第二个人比第一个人晚两天开始工作。如果每个人单独完成这项工作，那么第一个人需要比第二个人多干 4 天。

每个人单独完成这项工作分别需要多少天？

两个打字员

要求两个打字员打一份报告。她们二人一个经验丰富，一个经验欠缺。经验丰富的打字员能用 2 个小时完成这项工作，而经验欠缺的打字员需要 3 个小时。

如果二人用最短的时间共同完成这项工作，需要多长时间呢？

通常按照著名的计算水池面积的方法来解这类算题。我们首先应当算出，每个打字员在 1 个小时内能完成全部工作的百分之多少？把两个分数相加，并且用 1 除以这个总和。

除了这个老套的方法，大家能想出解决类似问题的新方法吗？

称 面 粉

商店经理需要称 5 袋面粉。商店里有地秤，但是缺几个秤砣，不能称出 50 千克和 100 千克之间的重量。每袋面粉重 50—60 千克。

经理没有慌张，他开始两袋为一组来称这些面粉。5 个袋子能够组成 10 对，因此必须称 10 次。称量后得到下列数字，我们按照从小到大的顺序列出这些数字：

110 千克，112 千克，113 千克，114 千克，115 千克，

116 千克，117 千克，118 千克，120 千克，121 千克。

每袋面粉重多少千克呢？

答　案

挖土工

这道题很容易让大家受骗上当，大家可能会想，如果 5 个挖土工用 5 个小时挖 5 米水沟，那么在 100 个小时里挖 100 米水沟就需要 100 个人。这是完全不正确的，不需要更多，还是需要 5 人。

实际上，5 个挖土工在 5 个小时里挖 5 米，这就意味着，5 个挖土工在 1 个小时里挖 1 米，在 100 个小时里他们应当挖 100 米。

伐木工

惯常的回答是 1.5×5，也就是 7.5 分钟。其实我们忘记了，最后一次能分出两个 1 米长的木段。这就意味着，把 5 米长的圆木锯成 5 段只需要 4 次，而不是 5 次；一共用时应是 1.5×4=6 分钟。

5 段铁链

只需打开其中一个铁链的 3 个环，用打开的铁环连接其余的 4 段铁链即可完成此题。

多少辆车?

如果所有的 40 辆车都是摩托车，那么车轮的总数是 80，也就是比实际上少 20 个。用一辆汽车替换一辆摩托车的结果是，车轮数增加 2 个：差数 20 个就减少 2 个，还差 18 个。显然，摩托车需要被替换 10 次，以至于差数 20 个减少到零个。这样一来，汽车是10辆，而摩托车是30辆。

的确：$10\times4+30\times2=100$

削 土 豆

在多余的25分钟里，第二个人削了$2\times25=50$个土豆。从400里面减去50，得到的结果是，两个人工作时间一样，他们一起削了350个土豆。因为每分钟两个人一起能削$2+3=5$个土豆，那么用350除以5，在这个时候每个人工作了70分钟。

这是第一个人工作的真正时间。第二个人工作了$70+25=95$分钟。

的确：

$$3\times70+2\times95=400$$

两 个 工 人

如果每个人单独完成一半工作，那么第一个人需要比第二个人多工作两天（因为在单独完成全部工作时，两人的时间差数是4天）。因为有这两天的差数，所以当两个人一起完成全部工作时，在7天里第一个人正好完成工作的一半，第二个人完成工作的一半需要5天。所以，第一个人能单独完成全部工作需要14天，第二个人需要10天。

两个打字员

解决问题的方法是这样的。首先确定两个打字员怎样分工才能保证同时完成任务。要求用时最短，且没有停歇。因为经验丰富的打字员比经验欠缺的打字员打字速度快1.5倍，可以看出，第一个打字员应该比第二个打字员打的字数多1.5倍，这时两个人才能同时完成任务。由此算出，第一个女打字员应该打出报告的60%，第二个女打字员应该打出报告的40%。

问题几乎已经解决了。剩下的只需算出，第一个打字员完成60%需要多长时间。我们知道，她能在2个小时里完成全部工作，这就意味着，完成报告的60%需要

2×0.6＝1.2 个小时。在这样的时间里第二个打字员可以完成剩下的 40%。

这样一来，两个人打完这份报告需要的最短时间的是 1.2 小时。

称 面 粉

经理根据得出的所有 10 个数字开始了计算。所得到的总数是 1 156 千克，而这正是袋子被增加到 4 倍的重量（因为任意两袋组合，并形成 10 种不同的组合，这相当于每袋面粉被称重 4 次）。要知道 5 袋面粉的重量之和是总数的 1/4。用总数除以 4，得到的结果是，5 袋面粉总重 289 千克。

现在为了方便，按照它们的重量把袋子编号。最轻的一袋是 No. 1，第二重的是 No. 2，以此类推，最重的一袋是 No. 5。不难想出，在一系列数字里，110 千克，112 千克，113 千克，114 千克，115 千克，116 千克，117 千克，118 千克，120 千克，121 千克——第一个数字是由两个最轻的袋子的重量组成的——No. 1 和 No. 2，第二个数字是由 No. 1 和 No. 3 的重量组成的。最后的数字（121）是由两个最重的袋子的重量组成的——No. 4 和 No. 5，而倒数第二的数字是由 No. 3 和 No. 5 的重量组成的。这样一来：

No. 1 和 No. 2 一共重 110 千克

No. 1 和 No. 3 一共重 112 千克

No. 3 和 No. 5 一共重 120 千克

No. 4 和 No. 5 一共重 121 千克

因此很容易得到，No. 1，No. 2，No. 4 和 No. 5 的总重量是 110 千克＋121 千克＝231 千克。从所有袋子的总重量（289 千克）中减去这个数字，得到 No. 3 袋子的重量，即 58 千克。

继续，从 No. 1 和 No. 3 袋子的总重量中，也就是从 112 千克中减去我们已经知道的 No. 3 袋子的重量，得到 No. 1 袋子的重量：112 千克－58 千克＝64 千克。

同理得到 No. 2 袋子的重量，从 110 千克中，也就是从 No. 1 和 No. 2 袋子的总重量中减去 54 千克，得到 No. 2 袋子的重量：110 千克－54 千克＝56 千克。

从 No. 3 和 No. 5 袋子的总重量中，也就是从 120 千克中减去 58 千克 No. 3 袋子的重量，得到 No. 5 袋子的重量：120 千克－58 千克＝62 千克。

最后是确定 No. 4 袋子的重量，知道 No. 4 和 No. 5 袋子的总重量(121 千克)。从 121 中减去 62，得到 No. 4 袋子的重量：59 千克。

这样一来，每个袋子的重量分别是：

54 千克，56 千克，58 千克，59 千克，62 千克。

我们无需复杂的方程式就解决了这个问题。

10. 买卖与价格

涨价与降价

商品价格涨了10%,然后又降了10%。商品什么时候价格更低?是在涨价前还是在降价后?

小 桶

商店进了6小桶饮料,图169标出了每桶饮料各是多少升。开始销售的第一天便来了两个顾客,第一个顾客买了2小桶,第二个顾客买了3小桶,并且第一个顾客买的饮料按升算比第二个顾客少一半。现在仓库里只剩下1小桶饮料。

仓库剩的那桶饮料是多少升的?

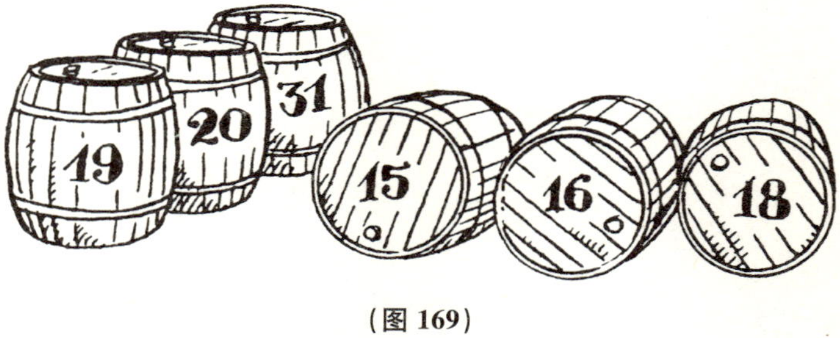

(图169)

卖 鸡 蛋

这是个古老的民间算题,乍看起来好像有些荒唐,因为算题里说到卖半个鸡蛋。

但是这个算题是完全可以计算的。一个农妇到集市卖鸡蛋。第一个顾客在她这里买了所有鸡蛋的一半和另外的半个鸡蛋。第二个顾客买了剩余鸡蛋的一半和另外的半个鸡蛋。第三个顾客买了 1 个鸡蛋。农妇的鸡蛋全部卖出，一个也没剩。

她一共带到集市多少个鸡蛋呢？

还是卖鸡蛋

一个农妇有 90 个鸡蛋，她派自己的 3 个女儿到市场去卖这些鸡蛋。她给最聪明的大女儿分配了 10 个鸡蛋，给二女儿分配了 30 个，给三女儿分配了 50 个。她对她们说："你们要先定好价，定好价之后，要坚守这个价格，不能改变。你们必须保持一致。同时，我希望，我的大女儿凭借自己的聪明，在价格一样的前提下，卖 10 个鸡蛋挣到的钱和二女儿卖 30 个鸡蛋挣到的钱一样多，我让二女儿卖 30 个鸡蛋挣到的钱和小女儿卖 50 个鸡蛋挣到的钱一样多。你们 3 个人卖鸡蛋挣的钱和鸡蛋价格应当是一样的。并且你们鸡蛋的售价要按整数计算，10 个鸡蛋卖价不能少于 10 戈比，90 个鸡蛋不能少于 90 戈比，或者 30 阿尔滕(1 阿尔滕＝3 戈比)。"

3 个女儿能完成母亲交代的任务吗？

答　　案

涨价与降价

人们通常会错误地认为，在这两种条件下价格是一样的。但是通过计算，我们发现，在涨价之后商品是原来价格的110%或者是1.1。在降价之后商品的价格是1.1×0.9=0.99，也就是原来价格的99%。这就意味着，商品在降价之后比在涨价之前便宜1%。

小　　桶

第一个顾客买了15升和18升的小桶饮料。第二个顾客买了16升、19升和31升的小桶饮料。

$$15+18=33$$

$$16+19+31=66$$

结果是第二个顾客买的饮料比第一个顾客多一倍。

20升的那小桶饮料没有卖出去。

这是唯一正确的答案。其他方案不符合题中要求。

卖鸡蛋

我们用倒推的方法来解释这个问题。在第二个顾客买了其余鸡蛋的一半和另外的半个鸡蛋之后，农妇只剩下一个鸡蛋。这就意味着，卖给第一个顾客之后第二个买主的一半是1.5个。显然，剩3个鸡蛋。加上半个鸡蛋之后，得到了农妇鸡蛋总量的一半。看来，她带到集市上的鸡蛋是7个。我们检验一下：

$$7\div2=3.5;\ 3.5+0.5=4;\ 7-4=3$$

$$3\div2=1.5;\ 1.5+0.5=2;\ 3-2=1$$

这完全符合此题所给条件。

还是卖鸡蛋

3 个女儿来到市场，她们开始商量定价，二女儿和三女儿问大女儿怎么办。大女儿思考一会儿说："妹妹们，我们这次卖鸡蛋不是像我们以前那样 10 个一组，而是 7 个，7 个为一组，每组一个统一价，就像妈妈说的那样。说好了，一点儿也不能降价！一组卖 1 阿尔滕，你们同意吗？"

"太便宜了，"二女儿说。

"是便宜了一些，" 大女儿说，"但是剩下的我们可以卖高价。我看了一下，除了我们，市场上再也没有其他卖鸡蛋的了。没人跟我们争夺市场。当鸡蛋快卖完的时候，如果有人急着要买，我们就可以提价。我们开始卖的是便宜一些，但我们后来可以补回来嘛。"

"而我们怎样去卖剩下的鸡蛋呢？"小女儿问道。

"每个鸡蛋 3 阿尔滕。就这样。那些急需的人肯定会买的。"

"太贵了。" 二女儿又说道。

"是贵了，"大女儿接着说道，"可是我们开始卖得便宜嘛。一个补一个嘛。"

大家都同意了。

她们每个人都找了一个位置开始卖鸡蛋。顾客们因为鸡蛋便宜而感到非常高兴，她们先奔到小女儿那儿去，按 7 个鸡蛋一组买光小女儿筐里的所有鸡蛋。小女儿卖给 7 个顾客每人一组，挣了 7 阿尔滕，最后她筐里剩下了 1 个鸡蛋。二女儿卖给 4 个顾客每人一组，筐里剩下了 2 个鸡蛋，她挣了 4 阿尔滕。大女儿卖给了 1 个顾客一组，她挣了 1 阿尔滕，剩下 3 个鸡蛋。

这时，来了一个女厨子，她被主人派到市场来买鸡蛋，让她至少买 10 个鸡蛋。主人的几个儿子马上要回来，他们非常喜欢吃煎鸡蛋。女厨子在市场到处找，但鸡蛋都卖没了，只有姐妹 3 人剩下的 6 个鸡蛋：大女儿剩下 3 个，二女儿剩下 2 个，三女儿剩下 1 个。市场上所有的鸡蛋都在这儿了！

毫无疑问，女厨子首先跑去问剩了 3 个鸡蛋的大女儿。女厨子问："3 个鸡蛋一共多少钱？"

大女儿回答说："每个鸡蛋 3 阿尔滕。"

"什么？你疯了吧？！"女厨子惊讶道。

大女儿说："随您的便，就剩这几个鸡蛋了，不会再便宜了。"

女厨子跑到二女儿那儿，问道："多少钱一个？"

"每个 3 阿尔滕。我们是统一定价。"

女厨师又问小女儿，她的那 1 个鸡蛋多少钱。小女儿回答道："3 阿尔滕。"

厨子没有办法，只能花高价去买了。

"这些鸡蛋我都买了。"

女厨子花 9 阿尔滕买下大女儿的 3 个鸡蛋。9 阿尔滕加上开始挣的 1 阿尔滕，大女儿现在就有了 10 阿尔滕。女厨子给二女儿 6 阿尔滕买了她的 2 个鸡蛋，6 阿尔滕加上先前卖 4 组挣的 4 阿尔滕，二女儿也是 10 阿尔滕。小女儿卖了唯一的 1 个鸡蛋，从女厨子那里拿到 3 阿尔滕，加上之前卖了 7 组挣的 7 阿尔滕，她手里也是 10 阿尔滕。

女儿们回到家里，每人交给妈妈 10 阿尔滕，然后告诉妈妈她们是怎样卖的，价格的确一样，但卖 10 个、30 个、50 个鸡蛋所挣的钱也是一样。

妈妈对女儿们准确地完成任务和大女儿表现出的机智感到非常满意。

11. 重量与称重

100 万个产品

一个产品重 89.4 克。请心算一下，100 万个这样的产品重多少吨。

蜂蜜和煤油

一瓶蜂蜜重 500 克，一瓶煤油重 350 克。煤油比蜂蜜轻一半。一个空的瓶子重多少呢？

圆木的重量

一根圆木重 30 千克。

如果比原来粗一倍，但是短一半，这根圆木重多少千克呢？

在　水　中

在一个普通天平上，一个秤盘里放着重 2 千克的鹅卵石，另一个秤盘里放着重 2 千克的铁砝码，把这个天平缓慢地放到水中。

两个秤盘在水下能处于平衡状态吗？

十进位天平

在十进位的天平上，重 100 千克的铁钉和另一侧放着的铁砝码使天平达到了平衡。水淹没了天平。在水里天平还能保持平衡吗?

一 块 肥 皂

如图 170 所示,在天平的一个秤盘上放一块肥皂,在另一个秤盘上放 3/4 块肥皂和另外的 3/4 千克砝码。这时天平处于平衡状态。

一整块肥皂重量是多少? 请努力用心算,不用笔和纸。

(图 170)

母猫和小猫

4 只母猫和 3 只小猫重 15 千克,而 3 只母猫和 4 只小猫重 13 千克(图 171)。

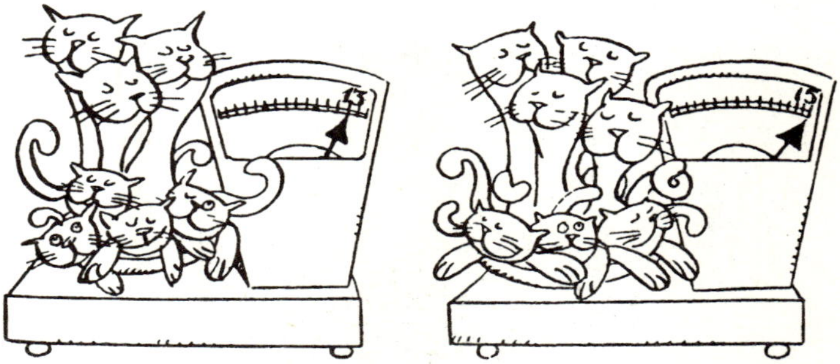

(图 171)

每只母猫和每只小猫分别重多少千克呢？前提是所有的母猫体重一样，所有的小猫体重也一样。请努力用心算来回答这个问题。

水果的重量

这里还有一个同样的问题。如图 172 所示，3 个苹果和 1 个梨的重量与 10 个桃的重量一样，而 6 个桃和 1 个苹果的重量与 1 个梨的重量一样。

需要用多少个桃才能和 1 个梨的重量一样呢？

(图 172)

多少个杯子?

如图 173 所示，1 个瓶子和 1 个杯子的重量相加与 1 个罐子的重量相等，1 个瓶子的重量与 1 个杯子和 1 个碟子的重量之和相等，2 个罐子的重量与 3 个碟子的重量相等。

（图 173）

请问，需要在空的天平秤盘上放多少个杯子才能和 1 个瓶子的重量相等呢？

用砝码和锤子

需要把 2 千克的砂糖按每袋 200 克分称出来。只有一个 500 克的砝码和一个重 900 克的锤子。

怎样才能用这个砝码和锤子称出 10 袋砂糖呢？

阿基米得的难题

这是一个古老的与称量有关的算题，是古代一个统治者季叶罗向著名的数学家阿基米得提出的。

传说，季叶罗让工匠为一座塑像制作一个皇冠，为此发给工匠一定数量的金子和银子。皇冠制成了，经称量，皇冠重量与发给工匠的金子和银子加在一起的重量一样。但是有人向季叶罗报告说，工匠用银子代替了金子，把金子私自留下了。季叶罗叫来阿基米得，让他断定一下，工匠制成的皇冠里含有多少金子和多少银子，工匠是否私留了金子。

阿基米得成功地解开了这道算题，他的依据是，在水里纯金会失去自己重量的

1/20，而纯银会失去自己重量的 1/10。

如果大家也想在这道算题上检验一下自己的计算能力，那么我们这样设定一下。给了工匠 8 千克金子和 2 千克银子，并且当阿基米得在水里称量皇冠的时候，皇冠不是重 10 千克，而是重 9.25 千克。请根据这些数据去断定，工匠私留了多少金子。一个前提是，皇冠必须由无间隙的金属制成，因而确认该皇冠没有间隙。

答　　案

100万个产品

需要这样进行心算：用89.4乘以100万，也就是1 000个1 000。

乘两次：89.4克×1 000＝89.4千克，因为1千克比1克多1 000倍。继续：89.4千克×1 000＝89.4吨，因为1吨比1千克多1 000倍。

这样一来，所求的重量是89.4吨。

蜂蜜和煤油

因为蜂蜜比煤油重1倍，那么重量差就是500－350，也就是150克，这是在瓶子里的煤油的重量(1瓶蜂蜜的重量与1瓶双份的煤油的重量一样)。由此确定瓶子的净重：350－150＝200克。的确，500－200＝300克，也就是蜂蜜比煤油重1倍。

圆木的重量

通常的回答是，如果粗细增加1倍，但是长度缩短一半，圆木不应该改变自己的重量。但这是不正确的。圆木直径增加1倍，整根圆木增加3倍(这是因为截面的圆面积是原来的4倍)。圆木缩短一半，整根圆木减少一半。因此又粗又短的圆木应该比又长又细的圆木重一倍，也就是重60千克。

在水中

把任意一个物体浸在水中，那么这个物体会变轻，并且浸在液体中的物体所受的浮力大小等于因为它浸入而溢出的液体所受的重力。了解了这个原理(由阿基米得发现，又称阿基米得原理）之后，我们就会毫不费力地回答这个问题。

重 2 千克的鹅卵石比 2 千克的铁砝码占据更大的空间，因为石头（花岗石）比铁更轻。也就是说，鹅卵石比铁砝码能溢出更多的水。根据阿基米得定律，在水中，鹅卵石会比铁砝码受到更多的浮力。这样一来，在水中天平将向铁砝码的一面倾斜。

十进位天平

浸在水中的时候，铁的东西（无间隙的）失去自己重量的 1/8。因此，在水中铁砝码是原来重量的 7/8，铁钉子也是自己原来重量的 7/8。然而，因为铁砝码比铁钉子轻 1/10，那么在水中铁砝码比铁钉子轻 1/10。因此，在水中十进位天平处于平衡状态。

一块肥皂

3/4 块肥皂＋3/4 千克的重量与一整块肥皂的重量一样。但是在一整块肥皂里含有 3/4 块肥皂＋1/4 块肥皂。也就是说，1/4 块肥皂重 3/4 千克，因此，一整块肥皂的重量是 3/4 千克的 4 倍，也就是 3 千克。

母猫和小猫

对比一下题中所给的两个重量，我们很容易发现，由于用 1 只小猫代替 1 只母猫，所称物品的重量减少 2 千克。由此得出结论，1 只母猫比 1 只小猫重 2 千克。了解这一点之后，在第一次称量时，用小猫代替所有的 4 只母猫。于是我们一共有 4＋3＝7 只小猫，它们一共不是重 15 千克，而是少了 2×4，也就是少了 8 千克。也就意味着，7 只小猫重 15－8＝7 千克。

由此得出，1 只小猫的重量是 1 千克，1 只母猫的重量是 1＋2＝3 千克。

水果的重量

在第一次称量时，用 6 个桃子和 1 个苹果代替 1 个梨。我们可以这么做，原因是

1 个梨的重量与 6 个桃子和 1 个苹果的重量一样。在左边的秤盘里我们有 4 个苹果和 6 个桃子，在右边的秤盘里我们有 10 个桃子。从每个秤盘里拿下 6 个桃子，然后发现，4 个苹果的重量与 4 个桃子的重量一样。由此得出结论，1 个桃子的重量与 1 个苹果的重量一样。

现在很容易断定，1 个梨的重量等于 7 个桃子的重量。

多少个杯子？

可以用不同的方法来解这道题。我们所展示的只是其中的一个方法。

在进行第三次称量时，用 1 个瓶子加上 1 个杯子可以代替一个罐子（在第一次称量我们知道，在这个时候，天平处于平衡状态）。于是得出结论，2 个瓶子和 2 个杯子相加，其重量与 3 个碟子的重量一样。在第二次称量时，我们可以用 1 个杯子和 1 个碟子相加代替 1 个瓶子。于是，4 个杯子和 2 个碟子的重量相加等于 3 个碟子的重量。

从天平的每个秤盘上拿下 2 个碟子，结果是 4 个杯子的重量与 1 个碟子的重量一样。

因此，1 个瓶子的重量与 5 个杯子的重量一样。

用砝码和锤子

称量的顺序是这样的。首先把一个锤子放到一个秤盘上，然后把一个砝码和一些砂糖放到另一个秤盘上，这样使两个秤盘能够保持平衡。显而易见，被放到秤盘上的砂糖重为 900－500＝400 克。共进行 4 次这样的操作，剩下的砂糖重量为 2 000－(4×400)＝400 克。

现在只要把 5 个 400 克袋子中的砂糖平分，就能得到所需结果。这也很简单，不需要用砝码，把 400 克一袋的砂糖分别放到两个秤盘上的两个袋子里，使天平达到平衡即可。

阿基米得的难题

如果皇冠是由纯金制成，那么它在水之外重 10 千克，而在水里失去了这个重量的 1/20，也就是失去 0.5 千克。实际上我们知道，皇冠在水里不是失去 0.5 千克，而是失去 10－9.25＝0.75 千克。这是因为它含有银子，银子在水里不是失去自己重量的 1/20，而是失去 1/10。在皇冠里应该有如此之多的银子，以至于皇冠在水里不是失去 0.5 千克，而是失去 0.75 千克，多失去 0.25 千克。如果在皇冠里用 1 千克银子代替 1 千克金子，那么皇冠在水里将比原来多失去 0.1－0.05＝0.05 千克。现在，这个差额是 0.25，因此，皇冠中使用了 5 千克银子。这样一来，我们发现，在皇冠里含有 5 千克银子和 5 千克金子，而不是最初发给工匠的 2 千克银子和 8 千克金子，3 千克金子被工匠私自留下，缺失的这部分金子，工匠用银子代替了。

12. 钟表趣题

三 块 表

家里有三块表。在1月1日那天三块表显示的时间一样，这是一个准确的时间。但是只有第一块表走得准确，第二块表一天慢1分钟，第三块表一天快1分钟。表如果这样走下去，经过多长时间三块表能够又一次共同显示出准确的时间？

两 块 表

昨天我检查了家里的挂钟和闹钟，并且调准了它们的指针。挂钟在1个小时里走慢1分钟，闹钟在1个小时里走快1分钟。

今天两块表都停了，因为发条坏了。在挂钟的表盘上表针指向7点，在闹钟的表盘上表针指向8点。

我昨天在几点钟检查的表呢？

几 点 钟？

“您去哪儿？”

“去赶6点的火车。离开车还剩下多少分钟了？”

“50分钟之前的时间比在3点之后的时间多3倍。”

奇怪的回答！这个奇怪的回答表明了什么？现在是几点？

表针何时能够重合?

在 12 点的时候表针可以重合。但是大家可能发现了,这不是表针重合的唯一时间,它们在一天里还可以重合几次。

大家能够说出表针重合的所有时间吗?

表针何时指向相反?

在 6 点钟的时候两个表针指向相反方向。但是是否只有在 6 点的时候才能这样? 其他时间有这种情况吗?

在 6 的两侧

我看了看表,发现在 6 的两侧两个表针与 6 的距离是一样的。这是几点呢?

在几点钟?

什么时间分针超过时针的数正好是表盘上时针从数字 12 向前走的数呢? 在一天里可能有多少个这样的时间? 还是完全没有这样的时间呢?

正 相 反

如果大家注意看表,那么大家可能会观察到与刚才描述正好相反的表针位置——时针超过分针的数是分针从数字 12 向前走的数。

什么时候会出现这种情况呢?

3 点和 7 点

当钟撞击 3 点钟的时候,用时 3 秒。撞击 7 点钟时用时多少秒呢?

先提示一下，这不是一个玩笑题，而是严谨的数学题。

表的“滴答”声

在本节快结束时做一个小实验。请把自己的表放到桌子上，退后三四步，倾听它的走动声。如果房间足够安静，那么大家就会听到，表好像时走时停，一会儿“滴答”一阵，一会儿沉寂几秒，一会儿又开始走动。

怎么解释这种不均匀的走动呢？

答　　案

三　块　表

经过 720 天。在这段时间里第二块表慢了 720 分钟，正好慢了 12 个小时；第三块表快了 12 个小时。于是三块表都将指向在 1 月 1 日的同一个时间，也就是准确的时间。

两　块　表

在 1 个小时里闹钟与挂钟相比快了 3 分钟。在 20 个小时里快了 1 小时，也就是 60 分钟。但是在 20 个小时里闹钟与准确的时间相比快了 20 分钟。就是说，表针在 19 小时 20 分钟之前被调准，即在 11 点 40 分的时候。

几 点 钟?

在 3 点和 6 点之间是 180 分钟。显然，6 点之前剩下的分钟数我们已经得出。如果把 180－50 得出的结果，也就是 130 分成两部分，其中的一部分比另一部分多 3 倍。这就意味着，需要从 130 里得到 5 部分。这样一来，就是差 26 分钟 6 点。

的确，在差 26 分钟 6 点之前的 50 分钟之前是 26＋50＝76 分钟，并且也就意味着，在 3 点之后经过了 180－76＝104 分钟。这比在 6 点之前剩下的分钟数多 3 倍。

表针何时能够重合?

从 12 点开始观察表针的走动。在 12 点时两个表针重合。因为时针比分针慢

12倍(时针12小时走完一圈,而分针1小时走完一圈),显然,在最近的1个小时里表针不能重合。但是走了1个小时;时针在1上,走了1/12圈;分针走了一圈,并且又在12上——分针的位置在时针后面的1/12圈。现在比赛的条件与之前不一样了:时针比分针走得慢,但是现在时针在前面(时针在1,分针在12),并且分针应该追上时针。如果比赛持续了整整1个小时,那么在这个时间里分针走了一圈,而时针走了1/12圈,也就是分针比时针多走了11/12圈。但是,为了追上时针,分针仅需要比时针多走1/12圈。因此为了做到这一点,不需要1个小时,只需要1/11个小时。也就意味着,经过1/11个小时之后,也就是经过$60/11=5\frac{5}{11}$分钟之后表针重合。

这样一来,在走了1个小时零$5\frac{5}{11}$分钟之后,也就是在1点$5\frac{5}{11}$分的时候表针重合。

表针何时第二次重合呢?

不难想出,经过1个小时$5\frac{5}{11}$分钟之后,也就是在2点$10\frac{10}{11}$分的时候表针第二次重合。表针第三次重合——再经过1个小时$5\frac{5}{11}$分钟之后,也就是在3点$16\frac{4}{11}$分的时候,以此类推。很容易看出,在整个表盘上时针与分针一共有11次重合。在第一次重合之后经过$1\frac{1}{11}\times11=12$小时之后,也就是在12点的时候表针第11次重合。换句话说,它与第一次重合重复,并且以后的相遇与先前的时间都重复。

这是表针重合的所有时间:

表针第1次重合——在1点$5\frac{5}{11}$分的时候

表针第2次重合——在2点$10\frac{10}{11}$分的时候

表针第3次重合——在3点$16\frac{4}{11}$分的时候

表针第4次重合——在4点$21\frac{9}{11}$分的时候

表针第 5 次重合——在 5 点 $27\frac{3}{11}$分的时候

表针第 6 次重合——在 6 点 $32\frac{8}{11}$分的时候

表针第 7 次重合——在 7 点 $38\frac{2}{11}$分的时候

表针第 8 次重合——在 8 点 $43\frac{7}{11}$分的时候

表针第 9 次重合——在 9 点 $49\frac{1}{11}$分的时候

表针第 10 次重合——在 10 点 $54\frac{6}{11}$分的时候

表针第 11 次重合——在 12 点的时候

表针何时指向相反?

这个问题的解决方式与上题的解决方式非常相似。再一次从两个表针重合的 12 点开始观察表针走动。需要算出,当分针正好超过时针半圈的时候需要多少时间,—— 那时候两个指针正好指向相反。我们已经知道(参见上一个问题),在 1 个小时里分针超过时针$\frac{11}{12}$圈;为了超过它$\frac{1}{2}$圈,需要比 1 个小时更少的时间,也就是需要$\frac{6}{11}$个小时。也就意味着,在 12 点之后又经过$\frac{6}{11}$个小时,或者是 $32\frac{8}{11}$分钟之后,表针第一次指向相反。请看一下表,大家会证实,在 12 点 $32\frac{8}{11}$分钟的时候表针指向相反。

这是表针如此指向的唯一时间吗? 当然不是。在每次重合之后经过 $32\frac{8}{11}$分钟之后,表针都如此指向。而我们已经知道,在 12 个小时里表针有 11 次重合。也就意味着,在 12 个小时里表针也有 11 次指向相反。不难求出这些时间:

12 点$+32\frac{8}{11}$分钟$=$12 点 $32\frac{8}{11}$分

1 点 $5\frac{5}{11}$分＋$32\frac{8}{11}$分钟＝1 点 $38\frac{2}{11}$分

2 点 $10\frac{10}{11}$分＋$32\frac{8}{11}$分钟＝2 点 $43\frac{7}{11}$ 分

3 点 $16\frac{4}{11}$分＋$32\frac{8}{11}$分钟＝3 点 $49\frac{1}{11}$分，

以此类推。

大家自己算出剩下的时间。

在 6 的两侧

这个问题的解决方式与上题的解决方式也非常相似。想象一下，两个表针都在 12 上，然后时针从 12 走了一圈的一部分，我们用字母 x 表示这部分。在相同的时间里分针变成了 $12x$（因为分针的速度是时针的 12 倍）。如果不多于 1 个小时，那么为了符合我们问题的要求，需要使分针离一圈末尾（即 12）的距离与时针离起点（即 12）的距离一样；换句话说：

$$1-12x=x$$

由此得到，$1=13x$。因此，$x=1/13$ 圈。在 12/13 个小时里，也就是在 12 点 $55\frac{5}{13}$分的时候，时针走了$\frac{1}{13}$圈。在相同的时间里分针比时针多走了 12 倍，也就是$\frac{12}{13}$圈。看得出，两个表针离 12 的距离是一样的，因此，在 6 的两侧两个表针与 6 的距离是一样的。

我们求出了两个表针第一次出现如此的位置，即在第一个小时里。在第二个小时里两个表针第二次出现如此的位置。我们求出它，按照上面的推论，由等式

$$1-(12x-1)=x，\text{或者是 } 2-12x=x。$$

得到，$2=13x$（因为 $13x-12x=x$），并且因此，$x=\frac{2}{13}$圈。在 $1\frac{11}{13}$小时里，也就是在 1 点 $50\frac{10}{13}$分的时候，两个表针第二次出现如此的位置。

当时针与 12 的距离是$\frac{3}{13}$圈的时候，两个表针第三次出现如此的位置，以此类推。一共有 11 个如此的位置，并且在 6 点之后两个表针改变了位置：时针在分针之前的位置，而分针在时针之前的位置。

在几点钟?

如果正好从 12 点开始观察表针的走动，那么在第一个小时里我们不会看到所求的位置。这是为什么呢？因为时针走的距离是分针走的距离的$\frac{1}{12}$，并且因此，时针落后于分针的时间比所需要的时间多得多。分针无论从 12 走到什么地方，时针都走到这个地方的$\frac{1}{12}$，而不是$\frac{1}{2}$。但是走了一个小时；现在分针在 12 上，时针在 1 上，时针的位置在分针前面$\frac{1}{12}$圈。请看一看，在第二个小时里表针是否能出现如此的位置。假定，当时针从数字 12 走了一圈的一部分的时候这个时间出现了，我们用 x 表示这一部分。在相同的时间里分针比时针多走了 12 倍，也就是 $12x$。如果从这里减去一圈，那么剩余部分 $12x-1$ 应该比 x 多一倍，也就是等于 $2x$。因此，我们看到，$12x-1=2x$，由此得到，一圈等于 $10x$（的确，$12x-10x=2x$）。如果 $10x$ 等于一圈，那么 $x=\frac{1}{10}$圈。这就是问题的答案：时针从数字 12 走了$\frac{1}{10}$圈，需要个小时，或者是 1 小时 12 分钟。在这个时候分针离 12 一倍远，也就是在$\frac{1}{5}$圈的距离上。这符合时间 $\frac{60}{5}=12$ 分钟。

我们求出了问题的一个答案。但是有其他的答案：在 12 个小时里表针不是一次如此地摆放，而是好几次。尝试求出其他的答案。

为了这个我们等到 2 点。分针在 12 上，而时针在 2 上。按照上面的推论，由等式：

$$12x-2=2x$$

得到，两圈等于 $10x$，并且也就意味着，$x=\frac{1}{5}$圈。这符合时间$\frac{12}{5}=2$ 小时 24 分钟。

大家自己很容易算出其他的时间。于是大家会求出，在下面的 10 个时间里表针按照问题的要求摆放：

在 1 点 12 分的时候，在 7 点 12 分的时候，

在 2 点 24 分的时候，在 8 点 24 分的时候，

在 3 点 36 分的时候，在 9 点 36 分的时候，

在 4 点 48 分的时候，在 10 点 48 分的时候，

在 6 点的时候，在 12 点的时候。

但是初看起来，答案"在 6 点的时候"和"在 12 点的时候"都是不正确的。实际上在 6 点的时候时针在 6 上，分针在 12 上，正好也就是一倍远。在 12 点的时候时针与 12 的距离是"零"，分针与 12 的距离是"两个零"（因为两个零与一个零一样）；也就意味着，其实这种情况符合问题的条件。

正　相　反

在上题被解释之后已经不难解决这个问题了。像上题那样推断，很容易想出，所需要的表针位置第一次出现在这个时间里，它是被下面的等式确定的：

$$12x-1=\frac{x}{2},$$

得到，$1=11\frac{1}{2}x$ 和 $x=\frac{2}{23}$圈，也就是在 12 点之后经过 $1\frac{1}{23}$小时。也就意味着，在 1 点$\frac{214}{23}$分的时候表针如此地摆放。的确，分针应该在 12 点和 $1\frac{1}{23}$小时之间，也就是在$\frac{12}{23}$小时上，这个正好是 1/23 圈$\left(\text{时针走了 1 圈的}\frac{2}{23}\right)$。

所需要的指针位置第二次出现在这个时间里，它是被下面的等式确定的：

$12x-2=\frac{x}{2}$，得到，$2=11\frac{1}{2}x$ 和 $x=\frac{4}{23}$，所求的时间是 2 点 $5\frac{5}{23}$分。

所求的第三次时间是 3 点 7 $\frac{19}{23}$分，以此类推。

3 点和 7 点

通常的回答是 7 秒。但是我们马上可以发觉，这个答案是不正确的。

钟撞击 3 点钟的时候，我们发现出现两个间隔：

第一个间隔在打第一下和第二下之间，第二个间隔是在打第二下和第三下之间。

两个间隔持续 3 秒，也就意味着，每一个间隔持续 1.5 秒。

当钟打 7 点钟的时候，有 6 个如此的间隔。1.5 秒的 6 倍是 9 秒。因此，钟撞击 7 点钟(就是打 7 下)用时 9 秒钟。

表的“滴答”声

表的“不均匀走动”实际上是由于我们听觉的疲劳所致。人在疲劳时，听觉会迟钝几秒，在这段时间里我们听不到表的“滴答”声。过了一会儿，疲劳消失，听觉的敏锐性恢复，那时我们会重新听到表的“滴答”声。然后又开始疲劳……

13. 交通小问题

飞行时间

飞机从一个城市飞到另一个城市用时 1 个小时 20 分钟。但是它返回却只用了 80 分钟。

大家怎么解释这个现象呢?

两个火车头

有时大家会看到,两个火车头带着列车:一个在火车的前面,另一个在火车的后面。但是在这种情况下车厢的挂钩和缓冲器发生了什么吗?前面的火车头带动车厢,那时候它们的挂钩被拉上。但是在这种情况下缓冲器之间不挨着,并且后面的火车头不带动车厢。相反,当后面的火车头带动火车的时候,缓冲器之间互相挨着,挂钩没有被拉上,因此后面的火车头的工作是没有用的。

因而,两个火车头不能够同时带动火车,或者一个火车头工作,或者另一个火车头工作。那么为什么同时挂两个火车头呢?

车　　速

大家坐在火车车厢里,却想知道火车的运行速度是多少。

能根据车轮和铁轨接触发出的震荡声来确定火车的运行速度吗?

两列火车

两列火车同时出发驶向对方车站。在它们相遇后的 1 个小时第一列火车到达对方火车站，在它们相遇后 2 个小时 15 分钟第二列火车到达对方火车站。

第一列火车的速度比第二列火车的速度快几倍？

要求口头回答这个问题。

火车为什么不从原地启动？

大家也许看到过，火车在启动之前，司机会把整辆火车往后退一点。这是为什么呢？

帆船赛

两艘帆船参加比赛，需要在最短的时间里往返 24 千米。第一艘帆船以 20 千米/小时的匀速完成全部赛程。第二艘帆船去程速度是 16 千米/小时，而返程速度是 24 千米/小时。

第一艘帆船获胜。但是第二艘帆船在去程落后于第一艘帆船的时间好像正好等于它在返程时超过第一艘帆船的时间，因此，它应该与第一艘帆船同时到达。

第二艘帆船为什么落后了呢？

从甲地到乙地

一艘轮船顺流航行时间是每小时 20 千米，逆流航行时间是每小时 15 千米。从甲地到乙地，它去程使用的时间比返程使用的时间少了 5 个小时。

这两个城市之间的距离是多少呢？

答　　案

飞行时间

关于这个问题没有更多可以解释的：飞机往返时间一样，因为80分钟＝1个小时20分钟。

这个问题是为那些粗心马虎的读者而设的。

两个火车头

这个难题很容易解决。前面的火车头带动的不是整列火车，而只是它的一部分，大概是一半车厢。剩下的车厢被后面的火车头向前推。火车的第一部分车厢挂钩被拉上，剩下部分的挂钩没有被使用，但是与车厢的缓冲器之间互相支撑着。

车　　速

在火车疾驶过程中，我们都能听到车轮与铁轨接触发出的规则的碰撞声。这些碰撞声的出现是由于在两个铁轨的连接处车轮轻微地发生震动。

为了确定车速，应当利用这些令人讨厌的碰撞声。只要数出在1分钟里出现多少次碰撞声，就能算出火车驶过多少根铁轨。然后用每根铁轨的长度乘这个数，大家就能算出在1分钟里火车的运行距离。

通常每根铁轨的长度大约是15米。数出在1分钟里发生的碰撞次数，用这个数乘以15，然后乘以60（每小时60分钟），再除以1 000（换算成千米），就会得到在1小时里火车运行的千米数：

$$(\text{碰撞次数})\times 15\times 60\div 1\,000=\text{在 1 个小时里的千米数}$$

两列火车

在相遇之前,两列火车运行的距离之比就是它们的速度之比。在相遇之后,较快的火车在到达车站之前运行的距离就是较慢的火车在相遇之前运行的距离,反之亦然。换句话说,在相遇之后,两列火车运行的距离之比就是它们速度的反比。

令第一列火车的速度为 V_1,第二列的速度为 V_2。假设相遇前两列火车均行进了 X 小时,则相遇后第二列火车继续行进的距离为 V_1X,反之,第一列车为 V_2X。因此,$V_1X/V_2=2.25$ 小时,$V_2X/V_1=1$ 小时。由此得出,$X=1.5$,$V_1/V_2=1.5$,也就是第一列火车的速度是第二列的 1.5 倍。

火车为什么不从原地启动?

当火车到达车站停下来的时候,车厢的挂钩被拉上。如果在此情况下火车头开始带动火车,那么它必须从原地一下子推动整列火车。如此沉重的火车要想从原地一下子被推动起来,几乎不可能。而当司机把火车往后退一点的时候,情形就大不相同了。那时候挂钩没有被拉上,可以使车厢一个接一个地依次运行——这就轻多了。

在这种情况下,司机与马车夫的做法道理一样:满载的马车即将上路,马车夫只有当马车启动之后才跳上车,这是因为如果在马车还没有启动时马车夫就坐了上去,那么马车在原地的负载过重,可能拉动不起来。

帆船赛

第二艘帆船之所以落后,是因为它以 24 千米的速度航行,航行时间比以 16 千米的速度航行的时间少。的确,它以 24 千米的速度航行的时间是:24/24,也就是 1 个小时,而以 16 千米的速度航行的时间是:24/16,也就是 1.5 个小时。因此它去时浪费的时间比返程节省的时间多。

从甲地到乙地

轮船顺流航行的时间是每 3 分钟 1 千米，逆流航行的时间是每 4 分钟 1 千米。在第一种情况下轮船每千米节省 1 分钟，因为在整段距离里它节省 5 个小时，或者是 300 分钟，因此确定，从甲地到乙地的距离是 300 千米。

的确：

$$300 \div 15 - 300 \div 20 = 20 - 15 = 5$$

14. 出人意料的计算

一杯豌豆

大家不止一次地见过豌豆，手里也经常拿着杯子。因此，豌豆的大小和杯子的尺寸大家应该非常清楚。现在有一个杯子，里面装满干豌豆。把杯子里所有的豌豆用线穿起来，穿成一个豌豆串。

把这个豌豆串拉直，它的长度会是多少呢？

水和酒

一个瓶子里有 1 升酒，另一个瓶子里有 1 升水。从第一个瓶子往第二个瓶子倒入 1 匙酒，从第二个瓶子往第一个瓶子倒入 1 匙酒和水的混合液。

计算一下，什么物体更多——是第一个瓶子里的水还是第二个瓶子里的酒？

骰子

这是一个骰子，一个立方体，它的 6 个面由从 1—6 的点数表示(图 174)。

(图 174)

彼得打赌说，如果连续掷 4 次骰子，那么在 4 次里面肯定有一次是 1 点的那面朝上。

而弗拉基米尔却断言，连续掷 4 次骰子，1 点那面朝上的情况或者完全不出现，或者出现的几率不止一次。

他们中谁的胜率更大呢？

法 国 锁

法国锁很久以前就被人们所熟知，但是很少有人了解它的内部构造。

图 175 左侧展示的是法国锁的正面。顺便说一下，称为“法国锁”是完全错误的，因为这些锁的原产地是美国，它们的发明者是美国人耶里，所以在这些锁和钥匙上写着发明者的名字“Yale”。

大家在锁眼的周围看到一个小圆圈，这是锁轴，它贯穿整个门锁。若想打开锁，就要转动锁轴。法国锁的锁轴内部有 5 根短钢条，这 5 根短钢条被固定在一定的位置上（图 175 右）。每根钢条被锯成两截，只有当 5 根钢条的截断部分都处于锁轴表面时，我们才能够转动锁轴。

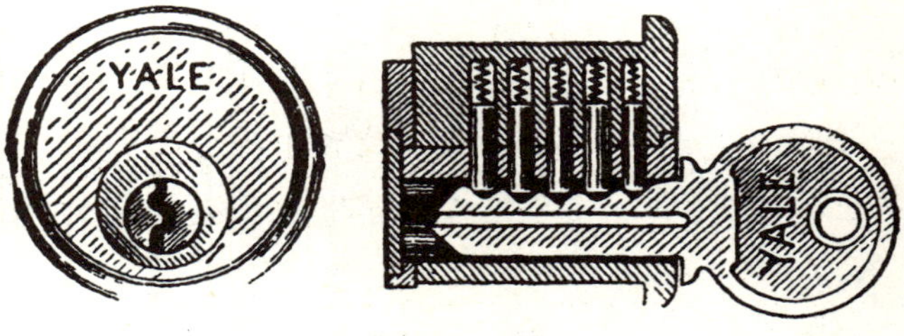

（图 175）

5 根钢条如何摆放是由钥匙和在锁轴表面钢条相应的凸出部位来决定的。

根据这种原理可以制造出很多法国锁。锁的数量取决于把每根钢条锯成两截可能有多少种方法。方法虽然不是无限多，但是数量也很大。

假设把每根钢条锯成两截有 10 种方法，那么请计算一下，在这种条件下可以制造出多少法国锁？

多少幅肖像?

如图 176 所示,大家在一个厚纸板上画一幅肖像,并且把它分割成几条,比如,分成 9 条。

(图 176)

如果大家略微懂得绘画,那么就不难得到许多脸部不同部位的条形。将相邻的两个条形连在一起,可以是不同肖像的条形,但不能破坏线条的连贯性。如果大家为脸的每个部位分割出 4 条,那么能得到 36 条,把其中的每 9 条拼在一起,能够组成不同的肖像。

在出售这种肖像条的商店里,售货员说,由 36 个肖像条能够拼出 1 000 张不同的脸(图 177)。

(图 177)

这是真的吗?

树　叶

如果从某棵老树上(例如从椴树上)摘下所有树叶,并且把它们紧密地摆成一排,那么这些树叶摆成的排大约是多长呢?它能够把一个大房子围起来吗?

100 万步

大家非常熟悉 100 万是个什么概念,就像熟悉自己迈出的一步有多长一样。既然大家都非常清楚这两件事,那么就不难回答下面这个问题了。这个问题是:100 万步能走多远?是超过 10 千米还是不足 10 千米呢?

1 立方米

在学校里,老师出了这样一道算题:如果把 1 立方米的立方体分解成以毫米为单位的小立方体,并且把这些小立方体一个搭着一个地码放起来,能够码成一个多高的柱子?

"比埃菲尔铁塔(300 米)还高!"一个学生高声说。

"比勃朗峰(5 千米)还高!"另一个学生也在猜测。

他们中谁差得更多呢?

谁数得更多?

两个人需要在一个小时里数出所有人行道上经过的行人。这两个人一个人站在自家门口,另一个人在人行道上走了一个来回。

谁数的行人更多呢?

答　　案

1 杯豌豆

根据目测来解这个问题一定会出错，并且这个错误还非常愚蠢。还是需要进行一下概算。

干豌豆的直径大约 0.5 厘米。在 1 立方厘米里能装下不少于 2×2×2＝8 个豌豆（密集摆放时装得更多）。在容积为 250 立方厘米的杯里豌豆的数量不少于 8×250＝2 000。穿成串的豌豆被拉长是 0.5×2 000＝1 000 厘米，也就是 10 米。

水　和　酒

在回答这个问题时，如果不注意到在兑入部分酒和水之后两个瓶子里的液体容量仍等于原来的液体容量——1 升，那么问题很容易变得混乱复杂。我们继续这样推断。假如在兑酒之后第二个瓶子里有 n 立方厘米的酒，这就意味着，第二个瓶子里的水是（1 000－n）立方厘米。那么所缺的 n 立方厘米的水哪去了呢？显然，它们应该在第一个瓶子里。就是说，在兑入之后，酒里的水和水里的酒一样多。

骰　　子

在掷完 4 次的时候，骰子朝上那一面可能出现的不同点数的情况有 6×6×6×6＝1 296 个。假定第一次已经掷完了，并且掷的是 1 点。那么在掷接下来的 3 次时，对彼得有利的情况应当是除了 1 点之外的任何点朝上，有 5×5×5＝125 个。如果只是在掷第二次、第三次或者第四次的时候，掷出 1 点，那么每次对彼得有利的情况也有 125 个。这样一来，在掷完 4 次的时候，只出现一次 1 点的可能性有 125＋125＋125＋125＝500 个。因此对彼得有利的情况是 500，不利的情况是 1 296－500＝796 种。

对彼得不利的这 796 种情况却对弗拉基米尔有利。结论：弗拉基米尔的胜率大。

法 国 锁

不难计算，这种锁的数量有 10×10×10×10×10＝100 000 把。

这 10 万把锁中每一把锁有一把钥匙，这给房屋主人提供了安全保障。即使企业生产的锁超过 10 万把，那么对住户的安全也不会构成太大的威胁，因为在 10 万把锁中遇到和自己锁芯一样的锁，这种几率极低，几乎不可能。

我们的计算是粗略的，因为我们假定锁的每根钢条能够被锯成两截只有 10 种方法。实际上方法更多，那么这种锁的数量就大大增加了。由此看得出法国锁相对于普通锁的优势。

多少幅肖像?

能拼成的肖像数量比 1 000 多得多。我们算一下。用罗马数字表示肖像的 9 个部分：Ⅰ、Ⅱ、Ⅲ、Ⅳ、Ⅴ、Ⅵ、Ⅶ、Ⅷ、Ⅸ。每个部分又分割成 4 条，我们用阿拉伯数字来编号：1、2、3、4。

以Ⅰ，1 为例。可以把Ⅱ，1；Ⅱ，2；Ⅱ，3；Ⅱ，4 拼合在它上面。

出现了 4 种组合。但是因为头部（Ⅰ）还可以分成 4 条（Ⅰ，1；Ⅰ，2；Ⅰ，3；Ⅰ，4），这 4 条中的每一条还可以用 4 种不同方法与肖像的第二个部分（Ⅱ）的相应部位拼合起来，那么头的上端两个部分（Ⅰ和Ⅱ）可以拼合的数量是 4×4＝16。

这 16 个条形中的每一条又可以用 4 种方法与第Ⅲ部分中的相应条形（Ⅲ，1；Ⅲ，2；Ⅲ，3；Ⅲ，4）拼合起来，头部的上端 3 个部位便可接合成 16×4＝64 种不同的图形。

以此类推，Ⅰ、Ⅱ、Ⅲ、Ⅳ部分一共可以拼合 64×4＝256 种；Ⅰ、Ⅱ、Ⅲ、Ⅳ、Ⅴ为 1 024种；Ⅰ、Ⅱ、Ⅲ、Ⅳ、Ⅴ、Ⅵ为 4 096 种等。

这样一来，由 9 条图形拼成的不是 1 000 幅肖像，而是不少于 25 万幅！

树 叶

如果把一棵树上的所有树叶摆成一排，不仅可以把一所大房子围起来，还可以把一个小城市围起来，因为树叶摆成的排是 12 千米！在一棵老树上树叶大概是 20 万— 30 万片。如果我们把 25 万片树叶摆成一排，并且确认每片树叶的宽度为 5 厘米，那么这排树叶的长度是 1 250 000 厘米，也就是 12 500 米，或者是 12.5 千米。

100 万 步

100 步比 10 千米多得多，甚至比 100 千米还多。如果一步的长度大约是 3/4 米，那么 100 万步＝750 千米。从莫斯科到圣彼得堡距离是 640 千米，就是说大家从莫斯科开始走，走上 100 万步，可以走到比圣彼得堡还远的地方。

一 立 方 米

两个答案都与正确答案相差甚远，因为码成的柱子比地球上最高的山还高 100 倍。1 立方米是 1 000×1 000×1 000，也就是 10 亿立方毫米。码成的柱子高度是 10 亿毫米，或者是 10 万米，或者是 1 000 千米。

谁 数 得 更 多?

两个人数的行人数一样多。虽然站在家门口的那个人数的是两个方向的行人，但是沿着人行道来回走的那个人看到的是比迎面来的人多一倍的行人。

译 者 感 言

《趣味物理实验与练习》一书的翻译工作已经顺利结束。望着眼前厚厚的书稿，回想之前紧张忙碌的日日夜夜，我们的心中充满了创作带给我们的成就感和满足感。

翻译此书，我们的最大收获是感到科学离我们如此之近，它就在我们的身边，就在我们的生活里。

原著作者选取最普通的生活现象，运用科学知识，深入浅出地为我们解析这些现象，写作手法轻松自如，诙谐幽默，让我们透过寻常现象知晓不寻常的道理，因此，原著在国内广受读者欢迎，数次再版，经久不衰。

我们在对本书进行翻译的过程中，力求忠实原文，同时承袭原著的叙事风格和写作手法，我们相信，本书的中文译本也一定会受到广大中国读者的喜爱。

在本书的翻译和出版过程中，我们得到很多人的帮助，也克服了大量的困难，在此我向所有帮助过我们的人表示衷心的感谢。首先感谢上海科学技术文献出版社北方编辑部的全体工作人员，其次感谢我的同事、朋友和学生，他们在资料收集、资料传递、译文校对等方面作出巨大贡献，他们是：谢云才、王晓丹、曲健、赵婷婷、李慧、崔铮、庞博、史磊和谢安忆等。

再一次对他们的倾情付出和鼎力相助表示感谢。

张 杰

2012 年 3 月 30 日